水草缸造景全流程图解

造景专家手把手教你打造各种规格精美水草缸

[日] 水族生活（AQUA LIFE）编辑部 编　　徐怡秋 译

化学工业出版社

·北京·

内容简介

本书是一本水草缸造景的实用工具书。书中十几位日本水草造景界的专家，以实例的形式，详细介绍了市面上常见的30~60cm水草缸、60cm水草缸、90cm水草缸以及大型水草缸的设计思路和制作步骤。每个水草缸都详细介绍了其草缸尺寸、照明、过滤、底床、CO_2、添加剂、换水频率、水质、水温、水草、生物等基本数据，以及各水草缸的设计理念、水草种植平面图、底床铺设步骤图、水草缸骨架（沉木、石组）搭建方法步骤图、水草的种植方法步骤图、观赏鱼等的选择和搭配方法，以及后期的修剪、施肥、除藻等养护方法，涵盖了水草造景的所有方面，读者可轻松学习、借鉴，打造自己的专属水草缸。

MIZUKUSA LAYOUT SEISAKU NOTE

© MPJ Inc. 2012

Originally published in Japan in 2012 by MPJ Inc.

Chinese (Simplified Character only) translation rights arranged with MPJ Inc.

through TOHAN CORPORATION, TOKYO.

北京市版权局著作权合同登记号：01-2021-7515

图书在版编目（CIP）数据

水草缸造景全流程图解 / 日本水族生活（AQUA LIFE）
编辑部编；徐怡秋译 . —北京：化学工业出版社，2022.5（2023.8重印）
ISBN 978-7-122-40889-1

Ⅰ.①水…　Ⅱ.①日…②徐…　Ⅲ.①水生维管束植物-景观设计　Ⅳ.① S682.32

中国版本图书馆 CIP 数据核字（2022）第 034903 号

责任编辑：孙晓梅　　　　　　　　　　　　装帧设计：张　辉
责任校对：宋　玮

出版发行：化学工业出版社（北京市东城区青年湖南街13号　邮政编码100011）
印　　装：北京华联印刷有限公司
787mm×1092mm　1/16　印张9½　字数254千字　2023年8月北京第1版第2次印刷

购书咨询：010-64518888　　　　　　　　售后服务：010-64518899
网　　址：http://www.cip.com.cn
凡购买本书，如有缺损质量问题，本社销售中心负责调换。

定　　价：78.00元　　　　　　　　　　　　　　　版权所有　违者必究

目录

水草造景就是在水缸中种植各种色彩缤纷的水草，如同用画笔在白纸上涂画一般。

有些水草在进行光合作用释放氧气时，会形成美丽的气泡，再加上小鱼欢快地穿梭于水中，形成的优美水景能令人的心灵得到放松，为人们的生活带来诗情画意。因而也可以将水草造景称为"活动的绘画""有生命的艺术品"。

为了保持和提升水草缸的美感，我们必须随时观察水质以及水草、鱼虾的状态，定期对其进行养护。

本书邀请了多位水草造景达人，全方位演示水草缸造景的详细流程。他们从空无一物的水缸开始，详细介绍应如何铺设底床材料，如何种植水草，如何进行修剪，以及如何进行日常养护等。

全书共介绍了 14 件水草缸造景作品，均详细讲解了其设计构图与制作方法，涵盖了水草造景中的各种要素。相信不仅是初学者，那些已经有一定的水草造景经验的朋友们也能从中得到启发。希望每位读者都能从本书中获得造景知识与创作灵感，打造出自己专属的精美水草缸。

水草缸造景
说明书

制作水草缸之前必读

要完成一件水草造景作品，往往需要多种要素的积累，如适当的器具、日常养护管理以及较强的审美素养等。不过，也无需将它想得太过复杂。您可以朝着自己设想好的水景目标一步一步地去努力。下面，将介绍水草造景的第一步需要做哪些准备。

打造水草缸的必备物品

打造水草缸，除了应配备普通鱼缸所需的装置外，还应重点配备养殖水草所需的相关器具。

1. 水缸

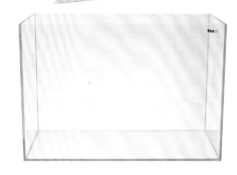

您脑海中的景色将通过水草在这个水缸中展现出来。近年来，玻璃水缸越来越受欢迎，因为它可以更真实地呈现水中景观。

安放玻璃材质的水缸时，底面一定要垫好附带的专用垫，否则底面玻璃容易破裂。

2. 水缸底柜

即使是一个 60cm 的标准水缸，装满水后也将重达 60kg 以上。如果放在普通的家具上，家具的顶板很可能会被压弯，引发事故。因此，最好选择专用的水缸底柜。如果能再用水平尺测量、调整一下柜体的水平度，会更安全。

3. 底床材料

养殖水草时，必须在水缸底部铺设一层底床材料。近年来，水草造景时常使用的是一种被称作"水草泥"的底床材料，它是土壤经高温烧制后形成的比较结实的颗粒状材料。水草泥可将水调节成水草偏好的弱酸性，同时还含有丰富的营养成分，因此备受欢迎。

美丽的白砂。也可在底床铺设一部分这种砂，令水草缸看上去更加明亮。

市售的水草泥有颗粒较大的，也有颗粒较小、呈粉末状的（如左图）。

4. 过滤器

过滤器可使缸内的水进行循环，去除缸内污物。如果水面剧烈波动，会造成 CO_2 的流失，因此在添加 CO_2 的水草缸内，通常会使用外置过滤器。

外置过滤器
由于过滤桶设置在缸外，因此不会遮挡水草缸内的景观。

上部过滤器
不太适合用于水草缸，因为它的出水会直接敲击水面，而且会盖住水草缸上方，妨碍照明设备的安装。

外挂式过滤器
体积小巧，安装方便，但过滤容积较小，比较适合小型水草缸。

详见第 146 页

5. 照明灯具

照明灯具对于促进水草的光合作用至关重要。必须选择发光波长适合水草生长需求的照明灯具，且所选灯具的光量要比普通鱼缸的照明灯具的光量更高。照明灯具的种类很多，应根据实际的使用环境进行选择。

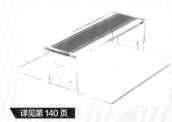

目前市场上的 LED 灯光量充足，非常适合水草养殖，而且耗电量小，极具魅力。

详见第 140 页

6. CO_2 添加装置

另一个与照明灯具同样重要的要素是 CO_2 添加装置，它是制作、维持优美的水景不可或缺的器具之一。CO_2 的添加方式有很多种，其中，使用减压阀将高压气瓶中的液态 CO_2 取出后进行强制添加的方式，无论是添加效率，还是性价比，都十分出色。

详见第 136 页

7. 保温装置
（加热器和恒温器）

不要忘记安装水温计，方便确认水温。

与热带鱼一样，很多水草都适合在 25℃左右的水温中生长。因此，需要在水草缸中安装加热器与恒温器，用来调节水温。不过，加热器没有降低水温的功能，因此，在高温的夏季，最好使用风扇或空调来降温。

为了防止风扇降温过多，可使用风扇专用恒温器。

铺设
水草泥
的方法

进行水草造景时，使用水草泥作为底床材料是目前的主流做法。水草泥是土壤经高温烧制而成的较为结实的颗粒状材料，可以促进多种水草的生长，搭配底床肥料使用，可令水景长期保持美观。

无需水洗！
与砂砾不同，水草泥在使用前无需水洗。因为水洗很容易将其弄碎，从而把水弄浑。

底床肥料
铺在水草泥下面的营养素。有些呈轻石状，有些呈颗粒状。

粉末状水草泥的使用方法
小型水缸中，可以只使用粉末状水草泥。不过，60cm 以上的水缸，就要先铺设一层普通水草泥，然后撒上粉末状水草泥。这样水草不容易脱落，景观也会更美。

1 铺设底床肥料

铺设水草泥之前，先铺一层底床肥料。虽然水草泥中的营养素已足以令水草生长，不过，添加底床肥料后，可以增强水草的耐修剪性，有利于长期维持水景的美观。

2 将底床肥料摊平

用三角板等工具将底床肥料摊平，确保营养成分能够均匀分布。如果肥料铺得太满，接触到缸壁的部分会有养分渗出，很可能会长藻。因此，应如图所示，在缸壁四周留出几厘米的空白。

3 铺设水草泥

虽非必需步骤，但在铺设水草泥之前，最好按照水缸底面的大小裁剪一块园艺用纱网，铺在底床肥料上。这样一来，拔掉已生根的水草时，就不会将肥料带到底床表面，可以防止长藻。

4 将水草泥摊平

底床上由前至后全都铺上一层厚厚的水草泥，看上去会很美观。如果是 60cm 的标准水缸，水草泥的铺设厚度应在 5cm 左右。这种厚度，水草种植起来也很方便。

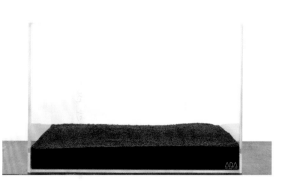

用化妆砂
装饰前景的方法

水缸前部（前景）特意不种植水草，而是铺上色泽明亮的化妆砂来表现水景。这是水草造景的手法之一。

4 铺设水草泥

在厚纸板内侧铺设水草泥。铺设时应注意，水草泥或化妆砂任何一方铺设过多，都容易导致厚纸板坍塌。因此，应交互铺设，保持平衡。

1 用厚纸板区隔空间

将铺设水草泥的部分（种植水草的部分）与铺设化妆砂的部分用厚纸板进行区隔，再用石头或胶带加以固定。

5 撤除厚纸板

底床铺设完成后，轻轻撤除厚纸板。如果操作够仔细，可将底床铺成图中的复杂图形。

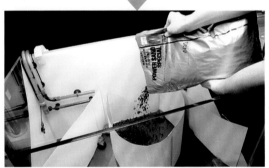

2 在种植水草的部分铺设底床肥料

从正面看，厚纸板内侧为种植水草的区域。将底床肥料倒入其中。

6 用石头强化边界

在化妆砂与水草泥之间摆上石头，防止二者混杂。还可在石头之间填满小石子，进一步强化边界。

3 铺设化妆砂

在水缸前部铺设化妆砂。可将化妆砂直接倒在固定厚纸板的石头上（石头稍后可以取出）。

7 完工！

过程省略。铺上化妆砂后，喜欢挖沙子的鼠鱼等也可以在水草缸中畅游嬉戏。

步骤 1 ▶ 2 ▶ 3 三步掌握

如何设计出优美的**构图**

仅仅种植了水草而已的水草缸与造景水草缸的区别在于——构图是否明确。构图就是利用沉木、石头以及水草本身等素材来打造各种造型。可以说，构图就是水草造景的骨架。要想制作出优美的水景，关键在于清楚地认识到构图的重要性。

解说：志藤范行（An aquaium） 整理：水族生活编辑部 摄影：石渡俊晴

步骤 1 令前后景层次分明！

在水草造景中，水缸由前至后大致可分为三个空间：前景、中景与后景。

造景的原则是：前景种植较矮的水草，后景种植较高的水草（如果颠倒过来，将无法看到水草缸内部的景色）。

下面我们来认识一下前景与后景。首先，准备两根较长的沉木，将它们摆成八字形。沉木前方即为前景，后方为后景。然后，我们来想象一下种植水草后的景象。相信你脑海中已经浮现出一个简单的造景轮廓。

如果你觉得这个造型有些枯燥，可以在八字形的沉木上再追加一些沉木。仅仅是将沉木立起或放倒，就能呈现出完全不同的立体感。

首先从这里开始！

即使是十分简单的构图，也可以通过种植水草制作出繁盛的水景。（景观制作：马场美香，H2 公司）

要点

● 利用沉木区分前景与后景
● 前景种植较矮的水草，后景种植较高的水草

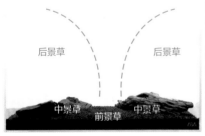

前景应种植一些牛毛毡之类的矮性水草，后景比较适合种植有茎草。如果在沉木两侧种植一些椒草或簧藻之类的水草，就会形成中景。

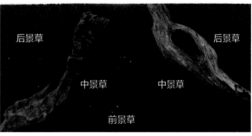

俯视图。摆放成八字形的沉木无需左右对称，只要将其中一根稍微向前摆一些，就能呈现出变化。

图中标注：后景草、后景草、中景草、中景草、前景草

如果想设计得再巧妙一些……

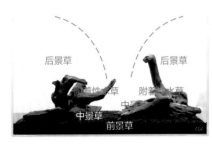

俯视图。利用追加的沉木区分出不同的后景空间，分别种植不同的有茎草，水景会显得层次分明，日常管理也会更方便。

图中标注：后景草、后景草、附着性水草、中景草、前景草

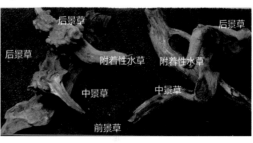

在追加的沉木上附着一些铁皇冠之类的水草，能营造出非常繁茂的感觉。

图中标注：后景草、后景草、后景草、附着性水草、附着性水草、中景草、中景草、前景草

步骤 ① +α 打造中景

近年来，中景明确的水草缸已不多见，不过，我们还是可以在造景中加入非常清晰的中景。与步骤1一样，可以利用沉木确定中景空间。这时，如果在中后景部分添加一些底床材料（垫土），就可以将前景草种在中后景空间里，从而形成一种奇妙的水景。

最适合用于荷兰式的造景，可以使用多种多样的有茎草。如果是大型水缸，底床可设置三层以上。▶

▲上图中前景铺设了化妆砂，同时用石头划分出中景空间。中景草选择了簧藻（景观制作：村濑一贵，AQUA GALLERY GINZA）

要点

- 利用沉木将空间分为前景、中景、后景三部分。
- 通过垫土，可以制作出丰富多彩的水草景观。

▼可通过沉木巧妙地区隔空间，种植多种不同的有茎草。搭配水草时，关键要考虑水草的叶形及颜色，灵活组合。

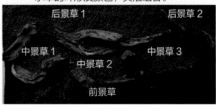

步骤 ② 掌握 3 种基本构图方式

a. 凹型构图

凹型构图是指中间低两边高的构图方式，在两端分设顶点，中间空出一部分空间。步骤1中的示例即为凹型构图。可通过改变左右两端沉木的高度或是前后移动沉木的位置进行各种造型变化。

为了让大家更形象地看懂构图方式，图例中均采用沉木来搭建骨架，其实也可用水草或石头来构建轮廓（以下的构图亦同此处）。

利用各种宫廷草制作的凹型构图水草缸。（景观制作：高城邦之，市谷垂钓·水族用品中心）

b. 凸型构图

凸型构图是指中间高两边低的构图方式。适合用大范围的前景草打造清爽的水景或想要突出中心植物时使用。

将水草缸设置在房间正中，可以从多角度进行观赏时，使用凸型构图效果会非常好。

中央部分的皇冠草非常帅气地完成了这个凸型构图。（景观制作：中村晃司）

通用性高的基本构图

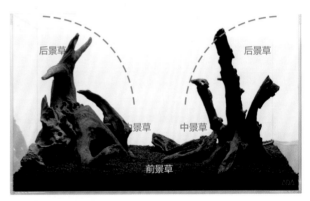

后景草中除了有茎草外，还可以种植一些大莎草之类的水草，也能营造出不错的氛围。

与凹型构图一样，一定要保证留白部分空无一物。

c. 三角形构图

三角形构图是指在水草缸的左上方或右上方定好一个最高点，然后打造成直角三角形的构图方式。

沿对角线（由左上至右下，或由右上至左下的线）方向制作造景的棱线会显得更美观。

以左上方为顶点的三角形构图。以红色的非洲艳柳作为点缀，将焦点聚集在这一点上，造型显得十分清晰（景观制作：奥田英将，Biographica）。

上图中的沉木虽已超出对角线的范围，不过由于这些沉木看上去仿佛都是从一点（右后方）生发出来的，因此并不会产生违和感。后景部分可种植一些有茎草，对角线下方则可种一些较矮的水草。

步骤 ❸ 应用篇　　掌握基本构图形式后，加入自己的想法，试着设计原创的构图吧

a. X 型构图

X 型构图是指将沉木在水缸中央进行交叉的构图方式。

这种构图方式可以在沉木区隔出的不同空间里种植各种有茎草、附着性水草，或是单纯地在沉木上缠绕一些爪哇莫丝等，创作空间很大。

以有茎草为主的 X 型构图。后景中的红宫廷草十分醒目。（景观制作：半田浩规，H2公司）

可选取某一部分空间进行造型。喜欢沉木的人只要看到沉木摆放成这种造型就会很开心。

b. 大量使用枝状沉木的构图

将较粗的沉木竖起来当做"基座"，然后在四周随意搭上几根小的枝状沉木，就可以轻松地制作出画一般的水景。枝条缠绕在一起，效果也不错。

以石头为基座的构图。可制作出极具个性的水景。（景观制作：志藤范行，An aquaium）

如果有茎草过多，会挡住精心布置的沉木枝条，因此水草种类不要太复杂。可在细枝上绑一些爪哇莫丝，同时让沉木基座保持裸露状态，呈现出层次变化。

石组的构图方式

步骤 1 突出主石！

看上去似乎十分简单，但石组构图也需要独特的技巧

在石组构图中，最想要突出的石头叫作"主石"，衬托主石的石头叫作"副石"。副石通常要比主石小一圈，大多摆在主石对面。

此外，还可在主石与副石周围摆放一些小石头，用来强调空间的远近感，提高作品的张力。这些小石头叫作"辅助石"，它们的另一个作用是防止主石与副石周围长出水草（如果水草长出来挡住石头，就无法欣赏到石头独特的美）。

石组构图的要点在于石头所展示的角度和方向。为了加强主石给人的印象，主石的顶点必须超过水缸高度的2/3。这是必要条件。

此外，应在后方背景位置垫土（大约为水缸高度的1/2），避免给人一种十分平坦的印象。

▼由于构图的重点在于展示石头，因此水草基本上都会选择几种固定的前景草，如牛毛毡、矮珍珠、迷你矮珍珠等。

▲此水景中没有设置副石，而是将重点放在突出主石。（景观制作：半田浩规，H2公司）

主石

副石

辅助石

要点
- 了解主石、副石、辅助石之间的关系。
- 为了突出主石，应注意调整石头的角度、高度及底床的厚度。

步骤 2 强调远近感

前方摆放较大的石头，越往后石头越小，这种构图可以突出空间的远近感。虽然石头大小的选择与配置都有一定难度，不过若有心钻研，这会是一项很有用的技能。

前方摆放大石头

后方摆放小石头

前景草

◄这件作品中，与理论相反，在主石周围摆放了一些小石头，用以突出主石的存在感。（景观制作：石渡俊晴）

▲左侧的石头横倒，右侧的石头竖立，就可以在构图中产生变化。前方种一些迷你矮珍珠之类的低矮前景草，后景种一些有茎草，能在水景中再现重峦叠嶂的景象。

步骤 3 石头与沉木的组合

当然，也可以将石头与沉木组合起来进行构图。下面介绍的构图示例中，沉木被放在石头上，仿佛树根一样。

►将枝状沉木交叉在石头上，感觉酷似美洲红树的树根。（景观制作：早坂诚，H2公司）

后景草

后景草

爪哇莫丝

前景草

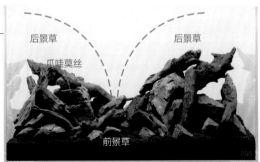

▲在沉木上附着一些蕨类植物能表现出一种自然感。此外，还可以在一部分沉木上附着爪哇莫丝，让人感受到水的流动，也很有意思。后景可以种一些有茎草，创作空间很大。

注水
方法

如果将水"哗"地一下直接倒入已铺好水草泥的水缸，水草泥颗粒会瞬间碎裂，水也会变得浑浊，因此，一定要小心操作。

水草泥很容易碎裂
水草泥颗粒柔软，用手指轻轻一捻，就会碎裂。

如果将水猛地倒入水缸，水草泥颗粒会碎裂，水也会瞬间变浑。

1 用喷雾器将水草泥打湿

先用喷雾器将水草泥充分打湿。这样可以防止水草泥颗粒在注水后漂浮起来。这个步骤一定要耐心操作。

2 注水

铺一层塑料袋（也可用水草泥的外包装袋）或厨房纸巾，然后从上面一点点地注水。一开始可以先用手接一点水，轻轻洒在上面。

3 除氯

注满水后，按照规定剂量添加除氯剂。自来水中的氯对人类影响不大，但却会给鱼类造成严重伤害，因此一定要使用除氯剂。

4 添加黏膜保护剂

在从水族店运来的途中，鱼类多少会感受到一些精神压力。添加黏膜保护剂，可以帮助鱼类缓解紧张情绪。

水草的
预处理与种植方法

　　市场上出售的水草，有些是放在水草杯里的，有些则只在根部卷了一层铅。虽然买回来时状态可能有所不同，但都无法直接用于造景。下面介绍种植前应如何处理水草的根、叶，以及不同水草应如何种植。

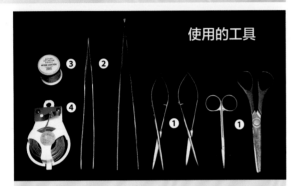

使用的工具

①剪刀
也可使用文具剪刀，不过如果有一把短的水草专用剪，在修剪细根时会非常方便。
②镊子
镊子如今已是水草造景时不可或缺的工具之一。水草专用镊子的形状、大小不一，可根据不同的用途进行选择。一开始最好先准备一把长镊子。
③棉线
将爪哇莫丝等附着性水草绑在石头

或沉木上时使用。图中是一款名为"MOSS COTTON"（ADA）的水草专用棉线，颜色为深绿色，用于造景不会太过明显。
④包塑扎线
将水榕或铁皇冠等附着性水草绑在石头或沉木上时使用。图中是ADA的一款名为"WOOD TIGHT"的水草专用产品，颜色为褐色，绑在沉木上不会太过明显。

水草买来后……

水草，特别是有茎草，往往是用一块板铅或无釉陶环绑成一把进行销售。但如果一直这样绑着，水草容易腐烂，因此，买来后应先把环拆掉。然后，用自来水或静置一段时间后的清水认真清洗，以防里面夹杂着螺贝或螺贝卵。

在2L装的容器中注满水，然后加入一袋水草附着物去除剂（Al.net），并充分搅拌，之后将水草放入水中浸泡10分钟，再用清水漂洗。这一步骤可去除水草上附着的农药或细菌等。

由海外进口的水草在检疫时会使用药物，如果这些药物溶入水中，可能会给鱼虾造成严重伤害。因此，使用专用的去除剂处理会更安全。

有茎草

有茎草每节都长有叶片，茎不断伸展生长。不同的有茎草，叶片大小及茎的粗细都有所差异，因此处理方法与种植方法也各不相同。

●种植前的预处理●

细叶草

绿宫廷（上图）、珍珠草等叶片较细的水草，密植起来能形成十分优美浓密的景观。不过，如果叶片彼此交错重叠，很可能会造成腐烂。

因此，应预先去除要埋入底床的部分的叶片。如果是绿宫廷，可抓住茎部，朝着根的方向轻轻一捋，就可以很容易地去除叶片。

大叶草

处理血心兰类水草（上图）或中柳等大叶水草时，应将最下面的叶片剪掉一半。这样，种到底床上时，叶片就会勾住底床，不容易游离脱落。

处理好叶片的水草。考虑到水草叶片较大，种植时，应逐棵种植。水草之间保留一些空隙，看上去会更美。

●种植方法●

▶①无论叶片是大是小，种植有茎草时通常应先把它们剪成三种不同的长度，然后，按照由低到高的顺序从前往后种植。

◀②用镊子斜夹住水草，使水草与底床表面保持垂直。种植细叶草时也是如此。

▶③令水草保证垂直状态插入底床后，在底床中松开镊子，然后从同一角度将镊子拔出。

放射状水草

放射状水草没有主茎，叶片直接由基部成呈放射状展开。如皇冠草类或椒草类水草等。

宽叶皇冠草

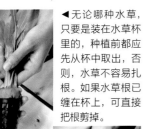

◀无论哪种水草，只要是装在水草杯里的，种植前都应先从杯中取出，否则，水草不容易扎根。如果水草根已缠在杯上，可直接把根剪掉。

▶水草根通常被裹在岩棉里，可先徒手拆掉大块岩棉，再用镊子将细小部分去除。根系之间残留的岩棉可用水冲掉。

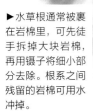

◀种植前已长出的根迟早会腐烂，因此只需保留几厘米，其余全部剪掉。同时，也应剪掉枯叶。

▶根的长度大约保留在能用镊子夹住的程度，这样，种的时候就不会漂浮起来。如果水上叶很多，浮力较大，可将根再留长一些。

◀与有茎草一样，先将水草垂直插入底床，然后轻轻转动镊子，感觉是把根部挂在底床中，这样水草就不容易脱落。

附着性水草

水榕类或铁皇冠类的水草具有附着在沉木或石头上生长（根伸展出来，将植株固定在附着物上）的特点。

小榕

种植前就已长出的根一定要剪掉，可将包裹着岩棉的部分全部剪掉（注意不要损伤根茎）。

按照前面讲过的方法将包裹水草的岩棉清洗干净后，将水草按株分开，有顶芽（长出新芽的部分）的为一株。

水草根会影响附着，因此应将根部全部剪掉（新长出的根会附着在沉木或石头上）。

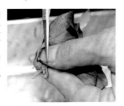

←—— 生长方向

剪一段包塑扎线，长度比要附着的沉木或石头的周长略长。用包塑扎线将水草绑在沉木或石头上，注意不要压倒水草的茎。由于水草会朝着顶芽的方向生长，因此捆绑时，一定要注意水草的方向，还要考虑到它的生长空间。

爪哇莫丝

以爪哇莫丝为代表的某些苔藓类水草也具有附着生长的特性，将它们绑在沉木上，可以营造出一种十分自然的感觉。

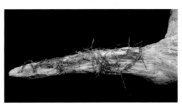

取一部分水草放在沉木上，注意量不要太多，不要覆盖住整块沉木。如果水草太厚，可能会影响附着效果，造成水草剥落。

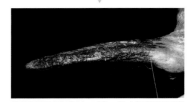

将棉线固定在沉木一端。用水轻轻打湿棉线，缠绕时会更加服帖，操作也更为方便。

将棉线缠绕在沉木上，间隔1.5cm左右，缠到头以后再返过来，往回缠一遍。

回到起始端后，将线头打结固定好，剪断剩下的线头。如果状态良好，1个月左右爪哇莫丝就能开始附着生长，而棉线后期能自己溶解，无需特意拆除。

矮珍珠

小型的匙状叶片十分繁茂，是使用频率极高的前景草。

种植矮珍珠时无需特意拆掉岩棉。可以几片叶子一小把，直接用手揪下来。

揪下来的水草可以摆在托盘上。为了避免水草干燥，应不时地用喷雾器喷一点水。这一点所有水草都适用。

将叶片深深地插入底床中，每株露出 2～3 片叶子即可（一部分叶片可直接埋在底床中）。之所以要深植，主要是为了避免水草漂浮。

草皮

草皮的形状很像抬着脖子的蛇。由于生长速度缓慢，一开始应多种一些。

从水草杯中取出一小把水草。如果根上还带着岩棉，植株容易腐烂，一定要将岩棉去除干净。

草皮的特点是地下茎朝着一个固定的方向延展、生长。因此，一开始不要整齐排列，而是按照 Z 字形种植，水草长高后会显得更为自然。

牛毛毡

最适合制作草原风情的水景。若想长期维持，必须大力修剪。

将叶色发黄或状态不好的叶子剪掉一半以后再种，新芽会长得更快。

一次种一小把。让水草扎好根是首要的，因此应种得深一些。

以 60cm 水缸的前景为例，大约 1/2～1 杯水草即可种满 30cm×15cm 的空间。

微果草

比较矮小的有茎草。特点是爬地生长，茎上每节都会发出新芽。

如果养殖环境良好，如右图所示，将 1 根茎按节剪断，分别种植，每节都能发出新芽。

如果垂直于底床进行种植，就会直立向上生长，因此，若想让它匍匐生长，最好斜着种植。

鹿角苔

叶色呈明亮的绿色，十分优美，本身属于漂浮性水草，无法附着在其他物体上。

准备一块大小适当的石头或瓷砖（市场上有专用的石头出售）。鹿角苔的量要能覆盖住整块瓷砖。

由于鹿角苔无法像爪哇莫丝那样附着生长，因此，要用鱼线等将水草紧密地绑在瓷砖上，可以网格状捆绑，间隔 5mm 左右。

如果是绑在石头上，浸过水后，鹿角苔会更服帖，操作更方便。

迷你矮珍珠

前景草，叶片小小的，十分可爱，人气很高。

剪开水草杯，将水草连同岩棉一起取出。

保留上方一部分岩棉，将要种植的迷你矮珍珠剪下来。

留下的岩棉厚度为1cm左右。

继续将岩棉剪成小块，可以扩大种植范围。

这种状态下进行种植。大小可根据情况继续调整。

还有这种方法！

可以像矮珍珠那样，直接从水草杯中揪几根下来，然后用手指将它们的根扭成一小把，一起种下去。

一定要深植。因为迷你矮珍珠很容易被鱼虾碰倒，进而脱落。因此，制作新景观时，最好等水草扎好根后再放鱼。

禾叶挖耳草

叶片质感十分柔软，因此，丛生状态下更能体现出它的美。

从水草杯中取出一把水草，数量不要太少，每把多种一些，以后会长得更好。

如果水草缸中有小鱼小虾，后期补种很容易被吃掉，因此还是开缸时多种一些比较好。此外，种在石缝中间，不容易脱落。

汤匙萍

属于蕨类植物。水上叶的形状像四叶草，水中叶呈匙状。

由于叶片上容易长藻，因此种植前应先将四叶草形状的水上叶提前剪掉（右图中为近缘的狭叶田字草）。

由于生长速度缓慢，一开始必须多种一些。这样就不用担心以后长藻的问题。

球根水草

虎斑睡莲、四色睡莲等睡莲类水草都有球根。

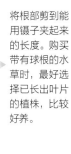

将根部剪到能用镊子夹起来的长度。购买带有球根的水草时，最好选择已长出叶片的植株，比较好养。

用手指抓住球根，轻轻放在底床上，让球根的一半埋入底床中。注意不要种得太深，否则容易腐烂。

水草的 修剪方法

水草是一种生物，会不断生长，因此，也需要不断修剪。修剪是指将长大的水草剪短，或是将枯叶剪掉。

便于修剪的剪刀

（四款剪刀均为 ADA 品牌）

水草专用弯剪
剪刀前端弯曲，适合修剪较矮的前景草。

水草专用短剪
适合修剪长到水面的有茎草。

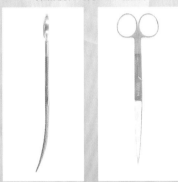

水草专用弹簧剪
小型剪刀，适合修剪附着在沉木上的爪哇莫丝或小型水草缸中的水草。

水草专用直剪
剪刀柄较长，适合修剪茂密的草丛中突出的一根有茎草。

有茎草的基本修剪方法

1 如果有茎草长高了……
下面以流行的宫廷草为例介绍如何修剪有茎草。

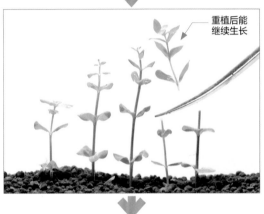

重植后能继续生长

2 剪到适当的长度
注意不要剪得过短，否则水草长势可能会变弱。首次修剪通常要剪掉水草高度的一半左右。将剪掉的上半部分重新种在底床上，又可以长成一株独立的水草（重植）。

3 要有线条意识
基本上同一种类的水草群落应统一进行修剪。修剪时可以找好角度，比如剪成山峰的形状等，这样等到水草繁茂以后，更便于控制形状。

4 长出新芽
有茎草的顶芽被剪掉后，会从茎部长出好几个新芽。以后再修剪时，要比上一次修剪的位置高一些。也就是说，每次都要在新长出的茎上修剪，这样可以不断增加水草的密度。

前景草的修剪方法

较矮的前景草也需要修剪。因为长期养殖后，水草密度极高，不利于继续生长，也容易长藻。

矮珍珠

只需留下根与茎，所有叶片都可剪掉。尤其是靠近缸壁的部分，一定要全部剪掉，否则那些无处可去的水草会长得非常茂密。

针叶皇冠草

如果水草太密太厚会影响长势，因此一定要进行修剪。可从根部往上保留 5mm 左右，其余部分全部剪掉。牛毛毡也可以这样修剪。

放射状水草的修剪方法

适当修剪可令放射状水草长得更健康。不过，与有茎草相比，无需花费太多精力。

通常应从外侧进行修剪

皇冠草或椒草（上图）等放射状水草会由植株中心部分萌生新芽，因此应从外侧剪掉老叶。

剪掉根部，调整植株大小

皇冠草等水草的根部牢牢扎在底床中后，就会开始快速生长。如果植株体积过大，影响到整体造型，可将裁纸刀或剪刀伸进底床中，剪掉水草根，从而缩小植株体积。此外，多剪掉一些叶片，效果也不错。

必须马上去除的叶片

一旦发现状态不好的叶片，必须马上去除。这样不仅看上去更美观，对水草的生长也更有利（右图中为皇冠草的叶片）。

开始枯萎的棕色叶片

必须在叶片腐烂前剪掉，以防将水弄浑。

长藻的叶片

必须马上剪掉，以防扩散到其他叶片。

损伤的叶片

损伤部分会逐渐枯萎，必须马上剪掉。

爪哇莫丝的修剪方法

或许很多人觉得爪哇莫丝不怎么需要修剪，但其实它与有茎草一样，也应勤修剪。修剪越仔细，造型越美丽。

爪哇莫丝要勤修剪

如果一直放置不管，爪哇莫丝的叶片会交错重叠，从而导致内部腐烂，剥落，因此一定要勤修剪。可沿其所附着的沉木或石头进行修剪。

不要忘记清除污物

修剪后，一定要仔细将剪掉的水草捞出。将污物彻底清除干净后，修剪工作才算正式结束。

60cm
水草缸造景实例

接下来，将介绍由专业人士亲手打造的一系列水草造景作品。这里刊载的每张图片都浓缩着专家们的技巧与经验，希望能对大家提升造景技能有所帮助。

首先要介绍的是 60cm 水草缸。60cm 是水草缸最常见的尺寸，这个尺寸不仅水量充足，而且适合配备照明、过滤等周边设备，非常适合初学者。

1 个月就能变漂亮的水草缸

水草缸造景很容易给人一种需要花费很长时间的印象。但实际上，仅用一个月，而且不需要掌握什么特别难的技术，就可以制作出非常华丽的水景。下面我们来感受一下造景完成 1 个月后的水景会有多美。

摄影：T.Ishiwata

景观制作：马场美香（H2 公司）
在水族店工作期间一直不断磨练造景技巧，同时，也是一名狂热的鱼类爱好者，正在挑战养殖皇冠直升机等异形鱼。

制作步骤/How to Make

●铺设底床

1

60cm 的标准水缸非常适合刚开始接触造景的初学者。大小适中，很容易维持水景。

2

铺设底床肥料，用刮刀将肥料摊平，确保营养成分能够均匀分布。铺设时，在靠近缸壁的地方留出几厘米空白。

3

先将水草泥铺在侧面留好的空间，然后再铺中间，这样肥料与水草泥就不会混在一起。使用的水草泥总量为 9L 左右。

4

本件作品为凹型构图，将一根较大的枝状沉木摆在画面右侧，将两根沉木组合在一起，摆在左侧，中央留出空白。

5

观察沉木，选好最适合水草附着的位置，用记号笔预先做好标记。

6

绑扎附着性水草时需要先取出沉木，再往回放时，可能会记不清原来的位置，因此，在水缸的侧面玻璃上提前做好标记会更安心。

60cm 水草缸造景实例 1

材料 / Material

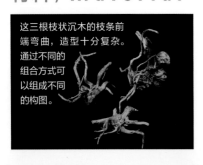

这三根枝状沉木的枝条前端弯曲，造型十分复杂。通过不同的组合方式可以组成不同的构图。

使用的水草与用量

① 珍珠草
② 日本绿千层
③ 越南趴地三角叶
④ 针叶皇冠草

⑤ 矮珍珠
⑥ 澳洲百叶草
⑦ 越南紫宫廷（云端）
⑧ 绿宫廷
⑨ 印度红宫廷
⑩ 纯绿温蒂椒草
⑪ 三裂天胡荽
⑫ 爪哇莫丝
⑬ 窄叶铁皇冠
此外，又补种了一些牛毛毡和印度百叶草。

● 将水草附着在沉木上

将爪哇莫丝摆在刚才标记好的位置上。

用线将爪哇莫丝绑在沉木上。注意莫丝的用量，枝条前端多一些，后面少一些，这样更便于表现出空间的远近感。

绑好线后，将翘起的爪哇莫丝剪掉，这样后期水草长起来后，造型会更美。

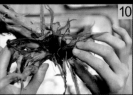

附着铁皇冠时，用包塑扎线将根茎部分绑在沉木上。只要绑得够紧，包塑扎线可以只缠一圈。

● 种植水草

用喷雾器仔细将水草泥全部打湿，将刮藻刀放在水草泥上，一点点往上注水，注意刮藻刀底部不要凹陷。小心操作，防止水变浑。

前景部分均已浸透水后，开始种植矮珍珠。这种状态下种植，双手不会被水打湿，操作速度非常快。

与种植矮珍珠的要领相同，先增加后景部分的水量，然后开始种有茎草。比起注满水再种植，这种种植方法更便于掌握所种水草的数量。

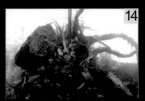

在枝条缝隙间插入一些三裂天胡荽，等它们长起来后，会令整体感觉更为自然。此外，在沉木上压上石头，可以防止沉木漂浮。

种植完成

枝状沉木泡在水中一段时间后会发黑，因此，在四周围上了一圈绿色水草。造景中使用的水草生长速度都很快，而且耐修剪，只是百叶草和印度百叶草在扎好根之前生长速度比较缓慢，需特别注意。

2 周后

2 周前还躲在沉木后面的有茎草已经开始探出头。第一次修剪时，不能将所有水草统一修剪，应先注意观察，比如，从草丛中挑出 1 根翘起的水草剪掉，然后观察它需要多长时间长出新芽。掌握这种规律后，自然就会了解最合适的修剪长度。

第 2 周的维护要点及变化

在水草扎根之前，一定要通过换水去除水草泥中渗出来的多余营养成分。制作这个水草缸时，换水比较勤。水草扎根前，每 2 天换 1 次水，每次换 1/2 ~ 2/3；新芽萌出后，每 3 ~ 4 天换 1 次水，每次换 1/2。

此外，沉木上会分泌出疙疙瘩瘩的白色有机物，每次换水时都会将它们吸出来。同时，又投放了一些红白剑尾鱼和金丽鱼，让它们帮助吃掉有机物。

修剪 / Trimming

矮珍珠

顺利生长，几乎已全部覆盖前景部分，只是两端密度还比较低。

将那些由于叶片交错重叠而开始直立生长的、或颜色发黄的叶子挑出来，小心剪掉。

将剪下来的部分种到水草密度较低的位置上。

太长的（太大的）叶片剪过一次后，新长出的叶片就会比较小，这样可以调节景观的平衡。矮珍珠也是如此。

针叶皇冠草

有茎草

各种宫廷草长大后，茎的中间会长出腋芽。

为了尽可能保留住这些腋芽，修剪时要将茎一根一根挑出来，小心操作。这样做的目的是为了提高密度，景观完成后会更美观。

修剪后，整体上左右形成了两座有茎草的小山。

三裂天胡荽

去掉顶芽后，叶片十分繁茂。不过，如果放任其生长，会影响景观。因此，一定要进行适度修剪。

修剪后

除了上述修剪外，还剪掉了铁皇冠上发黑的叶片，以及长得太快的爪哇莫丝。下面要做的就是保证充足的光照并施肥，促进水草生长。

2 周后

水草种植平面图

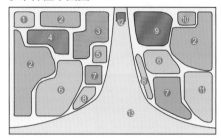

① 印度百叶草　　　⑨ 越南紫宫廷
② 绿宫廷　　　　　⑩ 澳洲百叶草
③ 印度红宫廷　　　⑪ 日本绿千层
④ 细叶水丁香　　　⑫ 牛毛毡
⑤ 珍珠草　　　　　⑬ 矮珍珠
⑥ 三裂天胡荽　　　※ 沉木上附着爪哇莫丝和窄叶铁
⑦ 越南趴地三角叶　皇冠。
⑧ 针叶皇冠草

数据

水缸尺寸（长×宽×高）： 60cm×30cm×36cm	**添加剂：** 每日 5 泵 ADA 水草液肥（GREEN BRIGHTY STEP2）及 ADA 活性钾肥（BRIGHTY K）
照明： 55W 荧光灯 ×2，每日 10 小时照明	**换水：** 每周 1 次，每次 1/2
过滤： 伊罕经典过滤器 2215	**水温：** 26℃
底床： ADA 能源砂（POWER SAND SPECIAL M）、ADA 新水草泥（NEW AMAZONIA）	**生物：** 红绿灯鱼、红尾玻璃鱼、白金神仙鱼、金丽丽鱼、红白剑尾鱼、红眼黄金大胡子鱼、蜜蜂角螺
CO$_2$： 每秒 2 泡	

如何将"1 个月就能变漂亮的水草缸"打造得更为精美

文：马场美香

　　本来进行水草造景时，应一边观察水草的生长情况，一边判断最佳的欣赏时期。然而，这次造景的主题是"1 个月就能变漂亮的水草缸"。

　　我首先想到的是，应主要选择生长速度较快的水草，一开始就大量种植。生长速度快的水草可以大量消耗水中的营养成分，从而防止长藻，这也是我选择它们的原因之一。

修剪的时机

　　要想让水草在 1 个月之内繁茂起来，就应尽早进行修剪。可是，刚栽好的水草先要扎根，然后又要萌发新芽。光是扎根就需要消耗很多能量，如果这时进行修剪，就会消耗双倍的能量。因此，结合具体情况，最好在经过 7 ～ 10 天，确定新芽已经萌发之后再修剪。在这之前，应始终坚持"换水"。

如何制作水草缸中的看点

　　因为要在 1 个月内让水景变漂亮，所以制作这个水草缸时，我先预估了水草 1 个月左右的生长量，然

后有意识地选择了比较小型的枝状沉木，以保持景观平衡。但在对造景时间没有约束的情况下，水草会在日常养护中不断生长，并逐渐覆盖住整段沉木，可以选择一些更大号的沉木。

种植水草时，应着重考虑水草的生长速度与色彩搭配。例如，单是"绿色的水草"，其实就包括各种不同的色调，明亮的绿色能够一眼就吸引到人们的注意，适合打造焦点景观，而浓郁的绿色则可起到很好的衬托作用。在此基础上，再加入一些红色水草作为点缀，会给人以强烈的印象。将这些水草组合种植在你最希望观众关注的位置，效果会非常棒。

我将作为焦点的水草种在水草缸两端偏中央的位置。而且在构图、配色和数量上，有意做到左右不对称。另外，为了增添独特的风情，在这件作品中，我还使用了椒草、铁皇冠、爪哇莫丝等便于长期维持的水草。目前，这些水草还不太显眼，但未来的效果令人期待。这些水草都极具韵味，只要用心养殖，随着时间的流逝，它们一定会展现出一种自然感。

这件作品的主题是"1个月就能变漂亮的水草缸"，其实也可以把它称作"1个月即可迎来第一次最佳欣赏期的水草缸"。再经3个月到半年的长期培养，其间反复修剪，就能呈现出从现在的状态来看无法想象的浓密感。在这一过程中，需时常关注中央的空白区域，修剪时一定要注意留白，这样就能始终保持住纵深感。希望大家都能制作出自己喜欢的水草缸，并能够一直热爱自己的作品，长期养护下去。

60cm 水草缸案例集

景观制作：伊藤直人（AQUA FOREST）
摄影：石渡俊晴

绿色圆顶（Green dome）

耗时 3 个月完成的香香草圆顶

香香草是一种非常流行的水草，但很少用于造景。这是因为它的新芽会朝各个方向生长，很难限定种植范围，使用起来极不方便。

然而，在这件作品中，香香草长势旺盛，成功地长成了圆顶形。事实上，香香草与普通的有茎草一样，会在被剪掉的地方重新萌发新芽。造景师利用这一特点，耗时 3 个月，不断进行修剪，终于让它密集地生长起来。

香香草的叶片圆圆的，非常可爱，这种形状不太常见，在造景中，可以形成非常好的点缀。您要不要尝试一下呢？

数据

水缸尺寸（长×宽×高）：
60cm×45cm×45cm
照明： 20W×5，每日 11 小时照明
过滤： 伊罕经典过滤器 2213、2217
底床： ADA 水草泥（AMAZONIA）、ADA 能源砂（POWER SAND）、AQUA SYSTEM 水草泥（Project Soil）
CO$_2$： 每秒 1～2 泡
添加剂： 无
换水： 每周 2 次，每次 1/3
水质： pH6.8
水温： 25℃
生物： 金三角灯鱼、蓝帆变色龙鱼、白缰小美腹鲶、锯齿新米虾
水草： 矮生毛茛泽泻、黑木蕨、爪哇莫丝、香香草、红狐尾藻、叶底红、丝叶谷精草、绿蝴蝶、巴西虎耳

在生长点的上方进行修剪。

使用迷你矮珍珠制作的水草缸

迷你矮珍珠问世不久后，便成为水草造景中的固定配置。这种小巧优美的水草，可以与多种有茎草搭配，制作出清爽明亮的水景。下面，将结合养殖技巧，详细介绍如何在造景中使用迷你矮珍珠。

摄影：T.Ishiwata

景观制作：角田宣通（海豚水族店）
进行水草造景时，比较关注如何更好地保持空间平衡。据说自然风景带给他很多灵感。最喜欢的是皇冠草和黑木蕨等叶片带有透明感的水草。

制作步骤／How to Make

● 制作水草缸的骨架

1

使用 60cm 标准水缸。这个水缸高度足够，无需频繁修剪，使用有茎草也很方便。

2

铺设底床肥料及水草泥，放置沉木。沉木是造景的基础，稍微变动一下位置，就会给人带来不同的感觉。使用鱼线（上图中箭头部分）等将沉木固定起来比较保险。

3

60cm 水草缸造景实例 2

材料 / Material
使用的水草与用量

① 迷你牛毛毡 4盆
② 迷你矮珍珠 9杯
③ 大叶珍珠草 1杯
④ 毛叶天胡荽 2把
⑤ 黑木蕨（带石头）4个
⑥ 豹纹丁香 10根
⑦ 小红莓 2把
⑧ 黄松尾 4把
⑨ 珍珠草 3把

除图中水草外，还补种了3杯纯绿温蒂椒草。

● 种植水草

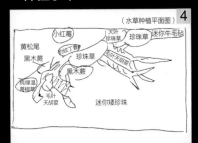

角田先生提前画好的种植平面图。提前准备好这样的图纸，哪怕画得很简单，也可以让自己的想法更清晰，操作也会更顺利。

在沉木两旁配置一些黑木蕨，它们在生长过程中会逐渐附着到沉木上。此外，考虑到后景会种植有茎草，为了保持景观的平衡，在底床部分做了一个缓坡。

种植水草之前，从塑料布上缓缓向缸内注水。前景部分有水漫过后，水草泥会变得十分紧实，即使底床有一定的坡度，也不容易塌陷。

提前处理好迷你矮珍珠，用镊子夹住岩棉部分，将它们埋进水草泥里，注意保持适当的间隔。

将花盆中的迷你牛毛毡拆成小份，一小把一小把地种在底床上。以水草缸右后方为中心进行栽种，可营造出一种草原的氛围。

前景草种完后，再加一些水，让水漫过后方的水草泥，准备种植后景草。

在缸内注满水之前种植水草，这种方法的优点是操作更简单，而且也很容易确认水草的种植面积（可以将先种下的水草按倒）。另外，种植时角度稍微倾斜一些，水草比较不容易脱落。

种植完成

注满水后，种植基本完成。注水后，倾斜种植的后景草也会自然挺立。一开始可能不太抓得住感觉，不过，您也可以尝试一下这种方法。水草基本上都是按种植平面图栽种的。

➤ 1个月后

第1个月的维护要点及变化

为了促进水草的生长，在开缸后最初的2周里，每天换水1次，每次换1/3左右。之后改成每周换水1次，每次换1/3左右。正是由于坚持频繁换水，后景部分的有茎草长势十分旺盛。

水草缸里投放了5条黑线飞狐鱼用来除藻，另外又追加了10只大和藻虾，因此不用特别担心除藻问题。由于黑木蕨非常容易长藻，提前去除了它的老叶。

换水时添加几滴液肥。每秒添加1.5泡 CO_2。

迷你矮珍珠不甘居后，开始长出走茎，不过要想覆盖住整片前景，似乎还需要一段时间。

后景草的修剪 ·········

后景草都是一些生长速度很快的品种，如宫廷草、珍珠草等，因此，可大胆修剪。如果茎的下方长势没有变差，也无需重植。

为了促进迷你矮珍珠的生长

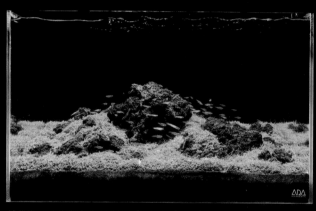

补种水草 ·········

为了保持整体的景观平衡，在水缸左侧补种了一把珍珠草。与迷你矮珍珠一样，珍珠草也喜欢稍硬一些的水质。

迷你矮珍珠比较喜欢硬度较高的水质，很适合用于石组造景。在这个水草缸中，为了提高水的硬度，加入了枝状珊瑚。不过，并非只要养殖迷你矮珍珠就必须使用珊瑚。如上图中就没有使用珊瑚砂，而是通过勤换水并稍微多加一些液肥，来成功地养殖迷你矮珍珠（景观制作：早坂诚，H2公司）。

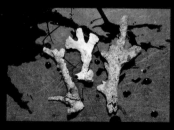

加入水草缸中的枝状珊瑚。

修剪后

每种后景草都已被修剪到比较合适的高度。接下来只需等待迷你矮珍珠爬满底床。

1个月后 ➤

60cm 水草缸造景实例 2

水草种植平面图

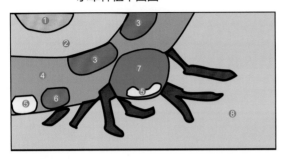

① 小红莓
② 黄松尾
③ 大叶珍珠草
④ 珍珠草
⑤ 毛叶天胡荽
⑥ 纯绿温蒂椒草
⑦ 黑木蕨
⑧ 迷你矮珍珠、迷你牛毛毡（混栽）

数据

水缸尺寸（长 × 宽 × 高）：60cm × 30cm × 36cm
照明：36W 荧光灯 ×3，每日 10 小时照明
过滤：伊罕经典过滤器 2213
底床：ADA 水草泥（AMAZONIA 普通型、粉末型）、ADA 能源砂（POWER SAND S）
CO₂：每秒 3 泡
添加剂：复合植物液肥 MAIN（店铺自制）
换水：每周 1 次，每次 1/2
水质：pH6.5
水温：26℃
生物：宝莲灯鱼、白金宝莲灯鱼、红衣梦幻旗鱼、银斧鱼、黑线飞狐鱼、大和藻虾

眼前浮现出新绿萌发的春日草原

文：角田宣通

20 多年前我还是个初中生时，就开始饲养热带鱼，那时正逢水草养殖的热潮。当时，我已经知道要向水草缸中添加 CO₂，但当我第一次接触到自然式水草造景时，还是感受到巨大的震撼。尤其是《水族生活》（AQUA LIFE）月刊 1991 年 10 月刊上刊载的一件名为《水草竞演》的作品，令我深受感动。可能这就是我进行水草造景的起点。我记得那件作品中，前景铺满了鹿角苔，后景则使用了花水藓、大叶珍珠草、红蝴蝶等水草，给人十分明亮的感觉。

也许是受到了它的影响，我至今仍非常喜欢使用多种有茎草制作华丽的造景。这次我选择制作一个充满春日气息的作品。构图是水草造景中最基本的三角形构图。底草通过迷你矮珍珠与迷你牛毛毡的混栽，营造出一股自然感。后景则使用了大叶珍珠草、黄松尾等，用来烘托出明亮、柔和的氛围。

　　在日常养护中，我最注意的就是防藻。开缸后最初的两周，我一直坚持每天换水，初期阶段，为了除藻，投放了五条黑线飞狐鱼。不过，由于迷你矮珍珠的生长速度比较缓慢，一定要确认它们已经扎好根后再放鱼，否则水草很容易被拔出来。

　　迷你矮珍珠的养殖过程的确十分艰难。由于底床使用了水草泥，造景素材又只有沉木，因此水的硬度较低，一开始水草的长势不太理想。开缸一个月后，我加入了几块小小的枝状珊瑚，又追加了照明设备（36W 灯，1 盏），然后它们开始一点点地长起来了。此外，在拍摄完成图的一个月之前，我又补种了一些迷你矮珍珠。尽管如此，完成日期还是比预计延迟了 1 个月左右……

　　由于红色系的水草长势没有我想象中那样好，因此完成时的水景比我预想的更为素雅。原本中景的焦点造型是叶底红，由于它的生长速度非常快，我毅然决然地把它剪短了，没想到随着周围珍珠草的生长，它竟然不见了。如果能再混栽一些红松尾或红蝴蝶之类的暖色系水草，或许这个水景会显得更明亮，更华丽，更富有春日气息。

60cm 水草缸案例集

景观制作：山岸觉
摄影：桥本直之

山脊（A mountain ridge）

数据

水缸尺寸（长×宽×高）: 60cm×30cm×36cm
照明: 20W 荧光灯 ×4，每日 10 小时照明
过滤: 伊罕经典过滤器 2213、前置无动力过滤桶
底床: ADA水草泥（AMAZONIA）、ADA能源砂（POWER SAND）
CO₂: 每秒 1 泡
添加剂: 换水时添加适量的 ADA 活性钾肥（BRIGHTY K）、ADA ECA 有效性复合酸、ADA 水草液肥（GREEN BRIGHTY STEP2）
换水: 每 2 周 1 次，每次 2/3
水质: 未测量
水温: 25℃
生物: 红绿灯鱼
水草: 绿宫廷、黄松尾、印度红宫廷、珍珠草、大叶珍珠草、心叶水薄荷、日本绿千层、簧藻、针叶皇冠草、矮珍珠、爪哇莫丝、细叶水丁香、椒草

有茎草勾勒出的远山棱线

五颜六色的有茎草构成了绝妙的焦点造型，水中仿佛伫立着红叶遍布的重重山峦，令人不禁想将这幅景象直接裱起来，挂在墙上。

这件作品中，对角线结构的沉木形成构图的骨架，后景的棱线不仅十分优美，而且充分体现出造景师高超的修剪技术。只有考虑到每种有茎草生长速度的不同，才能制作出如此精细的造型。此外，从前景的矮珍珠到中景的珍珠草，再到后景的各种有茎草，整个线条非常流畅、自然。

水草缸中的住客是目前非常流行的红绿灯鱼，它们将迎来一个最棒的舞台，似乎要比以往任何舞台都更加闪亮。

使用鹿角苔制作的水草缸

鹿角苔在良好的养殖环境下进行光合作用时，亮绿色的叶片上会冒出很多气泡，形态之美令人沉醉。下面，我们就来制作一个以鹿角苔为主角的水草缸，充分欣赏它的美。

摄影：T.Ishiwata

景观制作：丸山高广（Tropical zone）
使用鹿角苔制作明亮的水草缸是他的强项，不过他好像更喜欢石头、沉木与阴性水草组合起来的素雅水景。

制作步骤 / How to Make

● 制作水草缸的骨架

1 使用 60cm 标准水缸。为了更好地表现鹿角苔明亮的绿色，背景面上贴了一层蓝色的背膜。

2 底床上摆几块熔岩石。为了制造出纵深感，将中间的石头略向后放，形成弓状结构。不用担心石头颜色不一，因为稍后会在所有石头上都绑上鹿角苔。

3 绑鹿角苔。一块拳头大小的石头大约需要半包鹿角苔（参照下页）。先在水中将鹿角苔拆散，然后将它们均匀地摆放在石头上，用鱼线等绑紧，把线缠成网状（鹿角苔可以绑得稍厚一些）。

60cm 水草缸造景实例 3

材料 / Material

使用的水草与用量

①细长水兰 2 把　　　⑩叶底红 1 杯
②小圆叶 2 杯　　　　⑪水罗兰 1 杯
③黄松尾 2 杯　　　　⑫鹿角苔 6 包
④大香菇草 1 杯
⑤青叶草 1 杯
⑥皇冠草 2 杯
⑦青虎斑睡莲 1 杯
⑧牛毛毡 3 杯
⑨绿宫廷 2 杯

●种植水草

将绑好鹿角苔的石头按原位置摆好，造景的基础骨架就完成了。在绑鹿角苔之前，可先用数码相机将石头的位置记录下来。

接下来，在前景部分摆满绑好鹿角苔的瓷砖块，尽量不要让底床露出来。瓷砖块也可用小石子代替。

将几根牛毛毡捻成一小把，在石头与瓷砖的缝隙之间，种几把牛毛毡。不要种得太密，零零散散地种上几把，感觉会更自然。

大香菇草意想不到的用途

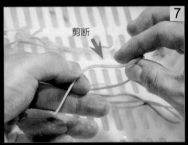

剪断

大香菇草与香蕉草一样，都属于睡菜科的植物。它的叶柄看上去好像很长，但其实那是它的茎。将茎从中间剪断，重新种植，可令子株独立出来。

将剪下的大香菇草茎种在瓷砖的缝隙之间，这些茎慢慢就会扎根，并长出新叶。

鹿角苔之间长出的大香菇草。圆形的叶片十分可爱，似乎能为水景带来一种新奇感。

种植完成

尽管水草才刚刚种好，但整片水景已显得十分明亮，这是只有鹿角苔能达到的效果。等到叶片再繁茂一些，就会挡住瓷砖之间的缝隙。

→ 20 天后

第 1 个月的维护要点及变化

　　由于管理上的原因，开缸后只换过 1 次水，不过水草长势一直很好，叶片颜色也没有问题，因此就没有添加液肥。

　　不过，刚开缸时，缸内容易出现硅藻和丝藻，因此，投放了 10 只大和藻虾和 3 条白缰小美腹鲶帮助除藻。

　　CO_2 的添加量大约每秒 2 泡，夜间持续打氧。

仅仅 20 天，有茎草就已接近水面。鹿角苔的长势也很好，完全挡住了石头与瓷砖之间的缝隙。

细长水兰

由于细长水兰的叶尖部分缠着一些疙疙瘩瘩的丝藻，所以把它们全都剪掉了。另外，老叶上容易长藻，可直接用手从植株根部将它们去掉（用剪刀剪，容易把新叶也一起剪掉）。

鹿角苔

先将绑得较厚的部分剪掉，保证水草分布均匀。然后再根据石头的形状与周围水草的数量进行修剪，以保证水草长出来后能挡住石头之间的缝隙。

绿宫廷

绿宫廷匍匐生长的样子极具自然感，不过距离完成还有一段时间，因此先将伸到瓷砖前面的水草剪掉。

大香菇草生根了！

由于大香菇草的叶片被虫子啃了，所以我把它的茎拔下来，想换点新的，结果发现它已经长根了。大香菇草属于放射状水草，没想到居然会是这种生长方式，很不可思议。新叶姿态也很美。

修剪后

沿着鹿角苔的线条修剪绿宫廷、青叶草等种在后景部分的有茎草。计划中，鹿角苔应形成一个山丘的形状，因此，以后要考虑好整体的平衡，认真修剪。

45 天后 →

33

60cm 水草缸造景实例 3

水草种植平面图

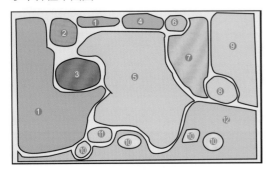

① 水罗兰　　　⑦ 小圆叶
② 青虎斑睡莲　⑧ 黄松尾
③ 叶底红　　　⑨ 青叶草
④ 细长水兰　　⑩ 大香菇草
⑤ 绿宫廷　　　⑪ 瓜子草（圆叶母草）
⑥ 皇冠草　　　⑫ 鹿角苔

数据

水缸尺寸（长×宽×高）: 60cm×30cm×36cm
照明: 55W 荧光灯 ×2、36W 荧光灯 ×1，每日 11 小时照明
过滤: 伊罕经典过滤器 2213
底床: AQUA SYSTEM 水草泥（Project Soil）、明新水草砂（FLORA BASE）
CO₂: 每秒 3 泡
添加剂: ADA 活性钾肥（BRIGHTY K）、ADA 液肥（Green Brighty Special Lights）、fumiya farm 水草营养液（Water Magic N type）各适量，每日 3 次
换水: 每 2 周 1 次，每次 1/4
水质: pH6.5
水温: 28℃
生物: X 光灯鱼、神仙鱼

即便耗费精力，也要选择我最喜欢的水草

文：丸山高广

上小学时，我最开始饲养的热带鱼是红腹水虎鱼。之所以选择这种鱼，是因为亚马孙水虎鱼曾给我留下极为深刻的印象。现在回想起来，我那时就已经很注意将水草缸布置得更接近大自然。

有一次，我到住在新潟县的爷爷家去玩。在那里，我看到很多生长在稻田水渠里的水草，那些水草之美令我十分感动。尤其是像绒毯一样铺散开来的鹿角苔，令我至今难忘。当时我就想把这番美景复制到水草缸中。

鹿角苔寄托着我无限的思念。这件作品中我也使用了大量鹿角苔。它既可用作主景，也可用作有茎草的底草，非常适合用来调节景观的整体平衡，也是制作明亮水景的最佳选择。这次我主要利用鹿角苔表现"明亮的绿色山丘"，在我的构想中，这座山丘上种满了各种各样的植物，它们会逐渐变成一片森林。

　　在维护造景的过程中，我比较注意的是不要将后景中的有茎草修剪得过于细致。虽然看上去这件作品的主景是鹿角苔，但事实上，必须要让后景中的有茎草与鹿角苔融为一体，这件作品才算真正完成。因此，修剪时，我一直有意让有茎草十分自然地伸展到鹿角苔构成的山丘上。

　　这件作品中使用了很多十分明亮的绿色水草，令人印象深刻。如果能再追加两三种红色系的有茎草，多增添一些韵味、变化就更好了。

　　最后我想谈一谈如何长期维护使用了鹿角苔的水草缸。虽然这项工作十分艰巨，但只要鹿角苔开始往上漂浮，就必须重绑。有一种方法可以延长重绑的间隔时间，那就是定期向水里加一些绑好鹿角苔的小石头，压在原来的鹿角苔上（绑在小石头上的鹿角苔长起来后，会和四周的鹿角苔融为一体）。此外，重绑时，可将鹿角苔绑在与原来不同的位置，这样一来，又会给水景带来变化，十分有意思。

　　说实话，鹿角苔可以算是最耗费精力的水草。不过，当水景完成时，那份优美能够治愈很多人的心灵。鹿角苔，正是我最喜爱的水草。

60cm 水草缸案例集

景观制作：半田浩规（H2 公司）
摄影：桥本直之

夏日微风（Summer breeze）

数据

水缸尺寸（长 × 宽 × 高）：60cm×30cm×36cm
照明：24W 荧光灯 ×3，每日 10 小时照明
过滤：伊罕经典过滤器 2215
底床：ADA 水草泥（AMAZONIA）、ADA 淡彩砂（BRIGHT SAND）
CO₂：每秒 2 泡
添加剂：ADA 水草液肥（GREEN BRIGHTY STEP2）
换水：每 3 日 1 次，每次 2/3（刚开缸不久，因此需要勤换水）
水质：pH6.9
水温：26℃
生物：头尾灯鱼、锯齿新米虾
水草：鹿角苔、矮珍珠、牛毛毡、珍珠草、红蝴蝶、小红莓、大香菇草、绿宫廷

初夏的散步道

这件作品为凹型构图，造景师在水缸中央设计了一块开放空间，并用熔岩石区隔出水草的种植空间。

作品的看点在于石头周围种植的形形色色的水草。不仅有与石头很搭的牛毛毡，还有大香菇草和各种有茎草，每种水草的位置都很精巧，呈现出一种绝妙的"杂草感"。尤其值得关注的是石头边缘的处理方法。不仅种植了牛毛毡，还摆放了绑有鹿角苔的小石头，甚至在底床种了好多矮珍珠。如此复杂的表现方式，只能用"精彩"一词来形容。

水景整体色调淡淡的，仿佛初夏的草原，头尾灯鱼的低调之美也令人流连。光是看着图片，似乎都能闻到夏草的清香。

石组造景水草缸

只用石头与水草制作的"石组造景水草缸"具有一种独特的美感。不过，由于它的结构十分简单，无法"偷工减料"，因此制作起来需要丰富的经验与技巧。石头的大小、数量、平衡都很重要。下面我们就来探寻一下布置石头的技巧。

摄影：T.Ishiwata

景观制作：武江春治（AQUA TAKE-E）
看过水草造景作品集《在水立方的大自然》（天野尚著）后，深受打动。10 余年来，一直积极投身于水草造景工作。最喜欢的水草是矮珍珠。

制作步骤 / How to Make

●设计石组位置

1

为了体现出岩石的张力，选择了比较高的 60cm×30cm×45cm 的水缸。另外，为了表现出水景的开放感，没有贴背膜。

2

首先放置大石头（主石），这是石组的骨架。稍微改变石头的朝向或角度，就会带给人不一样的感觉，因此，要将你最想展示的一面转到前方。

3

在主石两侧摆放副石（比主石小一圈的石头），以作衬托。所有石头都转向同一方向（向左），营造出水流动的感觉。

60cm 水草缸造景实例 4

材料 / Material
使用的水草与用量

①针叶皇冠草 10 把
②矮珍珠 6 把

● 摊平底床

在中央部分放一些小石头，可令主石显得更高大。此外，在主石后方加一些水草泥，防止种好的水草被石头挡住。

由于前景与后景会种植不同种类的水草，所以用小石头进行区隔，这样，两种水草就不会混在一起（还可防止水草泥流出）。一开始，小石头会比较明显，但水草长起来后会把它们全都遮住。

● 种植水草

为了让景观更美，同时也为了方便种植水草，在前方均匀地铺了一层粉末状水草泥。

从正面看，如果底床线条凹凸不平，会影响美观，因此一定要将水草泥摊平。处理石头边缘等比较复杂的地方时，使用专用工具（平砂铲）会更方便。

向水草缸中注入 6 成左右的水。首先将矮珍珠种在前景部分，每次夹几根，深埋进底床。如果种得不够深，矮珍珠会向上直立生长，因此，一定要用力插到底床深处。

后景部分种植针叶皇冠草。同样每次夹几根，插入底床。这两种水草的生长速度都很快，种的时候要保持一定间隔，很快它们就能覆盖整片底床。

种植完成

石头的摆放是不是显得非常自然，平衡感十足？另外，这件作品中水草数量偏多，您也可以适当减少水草数量，让它们充分生长。

第1个月的维护要点及变化

由于照明时间较长，每天都在10.5小时左右，因此，开缸2周左右，缸内出现了很多须状藻。为了除藻，关闭了2天照明，同时投放了大约50只大和藻虾。可以提前准备一个虾缸，随时观察水草状态，并及时增减虾量（目前，缸内的大和藻虾大约为20只）。

最初的1个月，为了促进水草生长，CO_2的添加量比较大，每秒3泡。另外，应勤换水。由于摆放石组的水草缸内水质硬度偏高，不利于水草生长，因此每3天换1次水，换水的同时添加适量液肥。

矮珍珠很快便爬满底床，形成一片绿色的绒毯。而针叶皇冠草虽然也长了不少，但体型依旧偏小。

修剪 / Trimming

矮珍珠

前景中混入几根针叶皇冠草会显得比较自然，但如果数量过多，就会造成问题。因此，先把混进来的针叶皇冠草拔掉了。

如果矮珍珠生长过于密集，可能会出问题。于是，对过于茂盛的部分进行了修剪，让它们保持均匀生长。尤其对前玻璃附近的位置着重进行了修剪，防止它们长到前面。

针叶皇冠草

先把所有叶片全部剪掉，以促进新芽萌发。只要水缸内环境良好，很快就能长出更大的叶片。

去除须状藻

矮珍珠上附着的须状藻。

大和藻虾可有效去除须状藻，但要注意，它们可能在除藻的同时啃食水草。

要去除石头上的藻，比较推荐使用蜜蜂角螺。它们是非常勤快的小帮手。

修剪后

对所有水草都进行了修剪。由于两种水草都很强壮，所以不用担心长势问题，重点是"如何让水草长得更美"。修剪后，为了促进水草生长，依旧保持每3天换1次水的频率。

1个月后

水草种植平面图

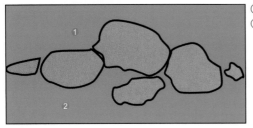

① 针叶皇冠草
② 矮珍珠

数据

水缸尺寸（长 × 宽 × 高）: 60cm×30cm×45cm
照明: 150W 金卤灯，每日 9 小时照明
过滤: 伊罕 ECCO 过滤器 M
底床: ADA 水草泥（AMAZONIA Ⅱ）、ADA 能源砂（POWER SAND）
CO₂: 每秒 2 泡
添加剂: TDC 水草液肥（BIO-CULTURE TV3000）、ADA 水草液肥（be green）
换水: 每周 1 次，每次 1/3
水质: pH6.8
水温: 25℃
生物: 绿莲灯鱼、红衣梦幻旗鱼、小精灵鱼、大和藻虾

充满儿时回忆的水景

文：武江春治

为什么我如此喜欢石头？

我自己也不是很清楚，可能是受到孩提时期的影响，那已经是很久以前的事了。

我的家乡是一个小山村，位于越后山深处，要翻过一座山又一座山才能到达。我家门前有一条小河，一到暑假，我就会整天泡在河里。

由于小河位于上流，所以河水总是特别冷。一下水，我的嘴唇就冻得发白，连和朋友说话时都哆哆嗦嗦的，甚至发不出声音。那时候，如果能找到一块洒满阳光的大石

原本计划只养一些绿莲灯鱼，但后来迷上红色的小鱼，忍不住又加了几条红衣梦幻旗鱼。它们有时会混在一起游动，有时又各自成群，为水景增添了不少动感与色彩。

头，可就太开心了。河里的石头都已被磨平了棱角，圆滚滚、滑溜溜的，摸起来特别舒服。我会先趴在石头上，充分感受石头的温暖，让自己的五脏六腑全都暖和起来。

那些温暖的大石头，闻起来有一股难以形容的味道，仿佛混杂了河水、浮藻、鸟屎、死鱼的残骸等各种各样的东西后又被细菌净化过的味道。那股味道不仅不会令人不快，反而会让心灵得到安慰。

而在这件石组造景作品中，我使用了自己最喜欢的万天石。无论石头的质感还是形状，万天石在山石中都无出其右。由于使用的是 60cm 的水缸，所以我决定以主石为中心，只添加副石和几块辅助石，造型十分简单。光看外形，可能会觉得我只是把几块石头随随便便地堆在了一起，其实不是这样的。为了制作这个水景，我经历了不小的波折。

我在前景部分种了矮珍珠，后景种了针叶皇冠草。可是针叶皇冠草的状态一直不太好，很快就长满了藻。如果可以的话，我希望能把它们全都剪掉。可是由于马上就要拍摄了，我只能先把它们放在一边。说

得好听一些，我是顺应了自然法则，把它们全部交由时间去处理。终于等到第二次拍摄结束后，我进行了一次彻底的修剪。可是这口气刚松下来没多久，那些须状藻就像转移了的癌细胞一样，再次爆发了。

我一气之下，一口气往缸里投放了大约50只大和藻虾，结果不出3天，它们就把所有的藻类吃得干干净净。我把这些大显身手的虾捞出去以后，就等着针叶皇冠草赶快长起来，可是它们却一点动静都没有！不仅如此，这些针叶皇冠草看上去还越来越蔫，大事不好！眼看着下次拍摄的日子即将临近，至少主石后方一定要长出一些针叶皇冠草来，否则就太不像样了。

我绞尽脑汁之后，不得已，只好从另一个水草缸中悄悄借了一些长势旺盛的针叶皇冠草过来。原本的那些针叶皇冠草可能是被大和藻虾啃过之后，压力过大，全都打蔫了。

这个结构简单的水草造景是一位"差不多大叔"克服了重重困难后完成的。如果再有机会的话，我希望能展示最佳状态下的水草所呈现的水景。

60cm 水草缸案例集

景观制作：中村晃司
摄影：石渡俊晴

焕然一新（Rearrange）

数据

水缸尺寸（长 × 宽 × 高）：60cm × 45cm × 45cm
照明：金卤灯 150W
过滤：伊罕经典过滤器 2215
底床：ADA 水草泥（AMAZONIA）、ADA 能源砂（POWER SAND）
CO₂：每秒 2 泡
添加剂：换水时添加适量的 ADA ECA 有效性复合酸
换水：每周 1 次，每次 1/2
水质：未测量
水温：28℃（拍摄时为夏季，使用了风扇）
生物：绿莲灯鱼、九间跳鲈、小精灵鱼、大和藻虾
水草：珍珠草、宽叶针叶皇冠草、鹿角苔、牛毛毡、矮珍珠

焕然一新的石组造景水草缸

根据造景种类或构图的不同，水草缸中应选择哪些水草或观赏鱼，往往会有一些固定搭配。例如，石组造景中，通常会种牛毛毡，养绿莲灯鱼。

上图中的水草缸，一开始也选择了这种经典搭配，在后景部分种植了牛毛毡，不过后来为了转换心情，改种了珍珠草。然而，在养殖过程中忽然发现这些珍珠草长得不是很密实，于是在拍摄时想出一个点子：将背景颜色由白色换成黑色。

背景为白色（不贴背膜）时，可以突出水景的开放感，但如果有茎草不够密集，水草间的缝隙就会十分醒目。而黑色背景下，这些缝隙就不会太显眼，而且与水草的绿色还能形成对比，令水草轮廓更为清晰。用背景颜色来搭配你想要表现的水景，可以提高作品的完成度。

日本庭园风格的水草缸

水草造景的灵感大多来自于大自然，如自然中的风景，或真实的水下景象等。不过，也无需被这种观念束缚。下面，我们就来制作一款以"日本庭园"为主题的水草缸。千万不要错过其中极具个性的造景技巧。

摄影：T.Ishiwata

景观制作：田畑哲生
从事水草行业已达 15 年以上。目前，在担任专科学校讲师的同时，也经常在各大活动上进行水草造景方面的讲演。爱称为"阿哲老师"。

制作步骤 / How to Make

●水景构图

1

田畑先生在进行水草造景时，脑海中常常会想象一些陆地上的风景。上图是以日本庭园为原型描绘的水景完成预想图，石头发挥了重要作用。

●首先"搭建地面"

2

使用 60cm 标准水缸。背膜选用了家用壁纸，上面有蓝天白云的图案。有时，设计水景也需要有这种玩心。

3

铺设大矶砂。因为稍后还要在前面铺化妆砂，因此用刮刀将前面的砂粒都刮干净。另外，大矶砂里已预先混合了底床肥料。

4

放几块拳头大小的石头，用以区分大矶砂与化妆砂的空间。这种用石头或沉木来区分水草种植空间的做法被田畑先生称作"搭建地面"。

5

如上图所示，放置沉木，搭建地面。这时，沉木要插多深、应朝哪个方向摆放等问题都十分重要，一定要特别注意。

6

在沉木隔出的空间里铺好砂粒，准备种植水草。后景部分的砂粒应特别垫高一些，这样即使还没种上水草，也已形成非常漂亮的景观。

将小石头摆成阶梯状。准备好大小不同的石头、沉木等素材，便于表现更细腻、更复杂的景观。

左侧也放置一块较大的沉木。可以明显看出，石头与沉木已将底床分隔成前景、中景及后景三部分。而不同素材的大小、高低各不相同，可以营造出一种立体感。

摆放一根卷好爪哇莫丝的枝状沉木，造型如同一棵大树。调整好石头等细节部分后，搭建地面的工作结束。

●种植水草

为沉木添加"树枝"
用剪短的铁丝将黑木蕨（如上图）或铁皇冠的根部绑上……

将绑好的水草用包塑扎线绑在树枝上，这样看上去比沉木更为细腻。树枝推荐选用杜鹃木或日本黄杨木（最好处于将断未断的状态，如果已经腐烂则需更换新枝）。

再开一些"花"
在树枝与卷在树枝上的黑木蕨之间插入一些豹纹青叶。看上去就像树上开满了花朵。

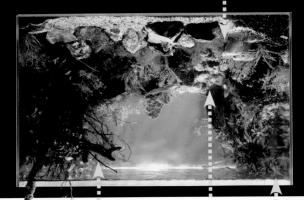

种植完成

豹纹青叶制成的小花、小石子堆砌的台阶、爪哇莫丝铺设的草坪……这件作品中充满引人注目的焦点造型。

爪哇莫丝铺设的草坪
将爪哇莫丝摊成片状，再用弯成 U 字形的铁丝将它扎进底床，固定好，铺成草坪的形状。这种方法比用棉线绑在小石头上更方便。

统一种植有茎草
将珍珠草等较细的水草全都剪成统一的高度，大约 10 根一把，一把一把种植。这样种比逐根种植的水草体积更大，顶芽也比较整齐，更为美观。

最后，在底床前部撒上一层化妆砂，完工！

1个月后

第1个月的维护要点及变化

　　水草的长势可能令人感到震惊，但其实这个水草缸中并没有添加 CO_2。由于布景时埋入的底床肥料并不足以支撑长期的景观维护，所以采取了比较特别的养殖方法，让水草在不添加 CO_2、肥料也比较少的环境中保持平衡，健康生长。当然，添加 CO_2 肯定会更有利于水草生长，没必要特地模仿这种方法，只是希望大家能够意识到"CO_2 与肥料之间的平衡"问题。

　　每周换1次水，每次换1/3。长藻问题也不严重，只需将缸壁上的藻去除即可。

每种水草都长势良好。只是珍珠草的长势太过旺盛，导致石头与沉木形成的"界线"变得有些模糊不清。

修剪 / Trimming

珍珠草

首先，在草高一半左右的位置粗剪一下。

然后，按照日本庭园中的杜鹃树风格将草形剪圆，营造出"和式"氛围。

豹纹青叶

豹纹青叶长得很好，由于它只是挂在黑木蕨上，为了不影响它的生长，没有剪掉顶芽，只是把它拔下来，将茎部下方剪短后再重新挂好。

爪哇莫丝

爪哇莫丝的主要作用是充当草坪，因此不需要长得太繁茂，要尽量将它剪平。向外冒出的部分也要剪掉，尽量弄整齐。

牛毛毡

为了营造一种自然感，在石阶两旁补种了一些牛毛毡。这些牛毛毡挡住了沉木，某种意义上，也削弱了沉木的印象（后来又改种成簧藻）。

剪成圆形的珍珠草姿态极具个性。目前，水中有好几条红绿灯鱼，养鱼的目的是想通过喂食，让细菌可以分解鱼的排泄物，从而在水草缸中形成一个循环系统。

1个月后

水草造景中呈现出的自我

文：田畑哲生

"这是什么东西！这水景怎么这么怪？谁干的！这是谁干的！！"

我在水草店里工作，刚开始练习水草造景时，经常被上司这样训斥。现在回想起来，那可能是对我的一种激励，不过当时我总觉得自己可能没有天分，那种失落感我至今仍记忆犹新。

不过，我一直很喜欢造景，造景带给我很多快乐。而且，我一直希望自己能快速进步。于是我经常去观察那些造景高手的手法，并不断模仿。没想到，这竟然是一条进步的捷径。如今已经过去了 12 年，我发现自己终于能够一点点地在造景中找到表现自我的方式。

那就是"日本庭园风格造景"。比起"水下风景"，我更喜欢"陆上风景"，总觉得可以在水草造景中引入"陆上"风格。而且，从"水草 = 花园"这一观点来看，"庭园"主题非常适用于水草造景。简

水草种植平面图

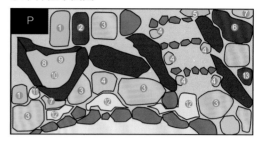

① 小榕　　　　　　⑧ 黑木蕨
② 印度红宫廷　　　⑨ 豹纹青叶
③ 珍珠草　　　　　⑩ 赤焰灯心草
④ 簧藻　　　　　　⑪ 越南水芹
⑤ 鹿角铁皇冠　　　⑫ 爪哇莫丝
⑥ 叶底红　　　　　⑬ 小红莓
⑦ 窄叶铁皇冠　　　※ P 为水泵

数据

水缸尺寸（长 × 宽 × 高）: 60cm×30cm×36cm
照明: 20W 荧光灯 ×4，每日 8 小时照明
过滤: 水下过滤器
底床: 大矾砂、ADA 淡彩砂（BRIGHT SAND）、Tetra 底床添加剂（Tetra Initial Sticks）、Dupla 片状水草肥料（Dupla Plant）
CO$_2$: 无
添加剂: 每日 1 滴 Dupla 水草液肥（Dupla Plant 24）
换水: 每周 1 次，每次 1/2
水质: pH6.8
水温: 23℃
生物: 德系黄尾礼服缎带白子孔雀鱼

单来说，就是在水草缸中建造一个庭园模型。我从很早以前就想尝试在水草缸中表现日本庭园之美，因此，这次我便以此为主题进行了创作。

日常养护方面，由于场地限制，这次我 1 周只能过来照顾 1 次，所以每次养护时都要预想好 1 周后的情况。由于底床材料选用了大矾砂，所以养分含量比水草泥略少，没有那么丰富。布景时，虽然在大矾砂中混了适量的底床添加剂，但用量并不足以支持景观的长期维护。因此，大约过了 1 个半月以后，珍珠草和叶底红都由于缺肥出现了白化现象。我马上碾碎了 4 片 Dupla 水草肥料（片状）进行追肥，然后又连续几天每天加 1 滴 Dupla 水草液肥，终于解决了缺肥问题。

另外，由于底床是大矾砂，肥料又比较少，所以日常养护时我没有添加 CO$_2$。因为如果 CO$_2$ 浓度太高，水草的新陈代谢速度就会加快，从而导致缺肥。而在 CO$_2$ 浓度较低的情况下，就不需要太多的肥料。这样就能维持一个低水平的平衡。虽然期间也出现了一些没长起来或是长势不旺的水草，但最后总算顺利完成了景观。白色的孔雀鱼游走其中，仿佛飞舞在空中的天使。各位读者朋友，希望你们也能从这件作品中有所感悟。

60cm 水草缸案例集

景观制作: ASK 研究所的阿哲老师（田畑哲生）
摄影: 石渡俊晴

日式庭园（A Japanese garden）

数据

水缸尺寸（长 × 宽 × 高）: 60cm×30cm×36cm
照明: 32W 荧光管 ×3、20W 荧光管 ×1、36W PL 管 ×1、8W PL 管 ×1，每日 10 小时照明
过滤: 底面式过滤器
底床: Marukan 水草泥（Nisso Custom Soil）
CO_2: 每 3 秒 1 泡
添加剂: Dupla 水草液肥（Dupla Plant 24）
换水: 每周 1 次，每次 1/2
水质: 未测量
水温: 25℃
生物: 金鱼（樱花琉金、樱花东锦、樱花土佐锦）
水草: 豹纹青叶、印度红宫廷、鹿角苔、牛毛毡、簧藻、爬地珍珠草、帕鹿雪花、黄金钱草、黑木蕨

这件作品被命名为"和心～樱乐庭"，水草缸中有好几条樱花金鱼。据说这些金鱼的个头很小，只要每天按时投喂，基本上不太会啃食水草。

樱花飞舞的庭园

坐在榻榻米上眺望前方，晴空下，盛放的樱花映入眼帘……这件造景作品所展现的景观能够打动每个观景人的心灵。可以说，这件作品就是前面我们所介绍的造景实例 5 的进化版。

首先值得关注的是水草缸的形状。实际上，这件作品是将两个 60cm 的标准水草缸摆成了 L 字形。而最大的看点当属樱花树，它是通过将每节发芽的豹纹青叶插到树枝上来表现的。而且，无论观众站在哪个水缸前，看上去都只有一棵樱花树，为了达到这个效果，造景师在造型设计及周围水草的种植上颇费心思。

这已经不仅仅是一个创意水草缸。通过无数的奇思妙想与不懈努力，这座以往只能在水缸"里面"表现出来的日本庭园已经拥有了更宽广的空间与更深刻的意义。这件作品也获得了专业认可，在第 28 届日本观赏鱼展览会水草缸展示大赛中荣获金奖。

可以更换水草的插花风格水草缸

　　沉木、石头等都是决定构图的主要材料，它们的形状与摆放方式可以决定一个水草缸造景的成败。而下面要介绍的是一种无需使用这些构图材料的造景方法，您可以随意更换自己喜欢的水草，在享受乐趣的同时维护水草景观。

摄影：T.Ishiwata

景观制作：奥田英将（Biographica）
独立之前曾在一家水族店工作。目前，公司业务除了水草缸制作外，还负责策划水草缸的安置与相关设备的安装。

制作步骤 / How to Make

●布置底床

1

使用 60cm 标准水缸。

2

这一次，种植水草的部分会铺设水草泥，而其余部分则会铺设一种园艺用的砂石。首先铺的是中等颗粒的粗砂。

3

然后在上面盖一层细砂。尤其是最前面，如果有很多大粒的石头，看上去会很乱，因此要多铺一些细砂，遮挡石头。

4

将小石头放在水草缸的后方。石头越大，越往后放，这样可以突出空间的纵深感，看上去更美观。中间空出来的部分用于种植水草。

5

在中央部分铺设水草泥。由于这次的设计是可以中途更换水草，因此没有使用底床肥料（拔掉水草时，可能会将根上附着的肥料从底床中带出，导致缸内长藻）。

6

为了给景观增添一些变化，放置了几块较大的石头，底床布置完成。关键要预留出不种水草的空间。

60cm 水草缸造景实例 6

使用的水草与用量

由于想要感受不同水草组合带来的意外之美，奥田先生还选择了很多以前从未养过的水草。

右 ① 福建宫廷草
　② 圭亚那狐尾藻
　③ 红水蓼
　④ 大宝塔草
　⑤ 澳洲百叶草
　⑥ 紫中柳

　⑦ 亚拉圭亚中柳
中 ⑧ 佗草
　⑨ 绿松尾
　⑩ 南美叉柱花
　⑪ 牛毛毡
　⑫ 簧藻

左 ⑬ 巴西眼子菜
　⑭ 大叶珍珠草
　⑮ 几内亚水罗兰
　⑯ 五彩薄荷
　⑰ 波叶谷精太阳

砂石均采集于河边。按照颗粒粗细分成三种。

材料 / Material

为了防止种植水草时水草泥碎裂、把水弄浑，应先注入少量水，大约刚刚漫过水草泥的前部。首先将佗草置于后景，其中也包括一些大莎草等会长得很高的水草。

用簧藻遮挡住佗草下部。簧藻无需耗费太多精力进行修剪，是这件作品中的主要构图材料。按照右 2 左 1 的比例种植，在水缸中设计出一条流线。

种植水草的原则是不要将叶形或叶色比较相似的品种种在一起，就把自己当做一名初学者，完全凭感觉进行操作。

几内亚水罗兰
叶片酷似水罗兰，上面有很多缺刻。为了与种在右边的红水蓼保持平衡，几内亚水罗兰种在了左后方。

红水蓼
奥田先生提出"你们想种什么就带点什么过来"，于是编辑部的同事们就准备了一些红水蓼。

亚拉圭亚中柳
虽然亚拉圭亚中柳的叶片很大，但如果置于后景，很容易被其他水草淹没，因此，特意将它种在前景部分。

牛毛毡
种植牛毛毡的目的是为了挡住前景中的水草泥。此外，整体观察后，在簧藻较少的部位又补种了一些。

种植完成

对于一些新水草，如果不太了解它们的生长速度，种植时应首先考虑如何让它们看起来更美。至于水草的长度与位置，可以通过后期修剪进行调整。

1个月后

第1个月的维护要点及变化

每2周换1次水，每次换20L。水草缸里长了一些藻，但并不严重，投放了一些小精灵鱼、黑线飞狐鱼和大和藻虾，用于除藻。

每种水草都顺利生长。考虑到水草泥中的肥料可能会从水草泥与砂石的接触面渗出，就没再添加液肥（防止在富营养的环境下出现爆藻问题）。

制作这个水草缸时正值夏季，因此使用空调将水温保持在26℃左右。另外，由于荧光管已使用1年之久，所以更换了新灯管。结果，刚换完灯，水草上忽然冒起了气泡。在此提醒大家，一定要定期检查相关器具，这是一个很容易被忽略的问题，造景前请一定做好充分准备。

叶片不断伸展的簧藻与长高的有茎草勾勒出极富野趣的水景画面。此外，为了让景观看上去更美，又将底床前方的线条铺平了一些。

修剪 / Trimming

确认簧藻的状态

如果簧藻的叶片发红，将会是一个危险信号。这大多是由于根部漂浮以后，水草无法吸收营养造成的。为了确认水草根是否已经扎好，可以将剪刀伸进草丛里向上舀，将打蔫的水草拔出来。

修剪有茎草

沿着簧藻的线条修剪中央部分的有茎草。尤其是后景中央的大叶珍珠草，由于生长速度较快，应尽早修剪，以增加水草密度。

补种牛毛毡

牛毛毡的数量看上去不太够，于是，在前景部分又补种了一把牛毛毡。

有助于维护景观的工具鱼

三间鼠鱼

为了去除缸内大量爆发的耳萝卜螺和扁卷螺，投放了2条三间鼠鱼。根据奥田先生的经验，加入三间鼠鱼后，螺贝的数量肯定会减少，可能是因为它可以吃掉螺贝的卵。

大帆琵琶鱼

只靠小精灵鱼无法根除小石头上的绿藻，于是又加入了3只大帆琵琶鱼。大帆琵琶鱼会啃食皇冠草等叶幅较宽的水草，而有茎草则问题不大。不过，一定要注意根据除藻效果，适当增减大帆琵琶鱼的数量。

修剪后

由于长势缓慢的水草比较多，所以没有更换任何水草，只是整体进行了修剪。如果有一些水草生长速度较快，在这一阶段就可以调整位置。因为这时应该就能看出哪种水草应该种在哪个位置。

2个月后

如何在水景中发现"新意"

文：奥田英将

　　我是从学生时代开始进行水草造景的。一开始是在朋友的介绍下去了一家水族店打工。那已经是 20 多年前的事了，当时正值荷兰式造景开始走红。我原本就非常喜欢山里的自然风光，曾骑着摩托漫游全国，幻想着有一天能将旅途中遇见的风景在水中复制。就在那时，我接触到天野尚老师的水草造景作品集，一下子就被深深打动。后来，我又有幸亲眼观赏到实际制作的水景，就这样被吸引到水草造景的世界。

　　慢慢地，我向观众展示自己作品的机会越来越多，我觉得我已经找到了一个表达自我的方法。我可以通过造景向大家展示自己的自然观。可是，随着工作量的增加，我开始逐渐被理论所束缚，机械性制作的作品越来越多，我急需一个能够激励自己的动力。每天身边都是用惯的器材、见惯的水草，缺乏造景的素材，想要找到新意已经越来越难，我感觉最重要的还是要找回初心。

　　刚开始接触造景时，感觉一切都是新鲜的，什么都想尝试一下。于是，这次我决定种植很多新水草，

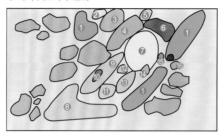

水草种植平面图

① 簧藻
② 几内亚水罗兰
③ 大叶珍珠草
④ 福建宫廷草、大叶珍珠草、绿水丁香（混栽）
⑤ 大宝塔草
⑥ 红水蓼、澳洲百叶草（混栽）
⑦ 佗草（小红莓、大莎草、绿水丁香、青叶草等）
⑧ 牛毛毡
⑨ 加里曼丹三角叶
⑩ 亚拉圭亚中柳
⑪ 南美叉柱花
⑫ 紫中柳
⑬ 波叶谷精太阳
⑭ 圭亚那狐尾藻
⑮ 紫花假龙头草
⑯ 五彩薄荷

数据

水缸尺寸（长 × 宽 × 高）: 60cm × 30cm × 36cm
照明: 150W 金卤灯, 每日 10 小时照明
过滤: ADA 强力金属过滤桶 ES-600
底床: ADA 水草泥（AMAZONIA 普通型）、ADA 百菌球、川砂粒
CO₂: 每秒 2 泡
添加剂: 换水时添加适量的 ADA 除氯剂（AQUA CONDITIONER CHLOR-OFF）、净化剂（AQUA CONDITIONER RIO-BASE）、pH 值调节剂（AQUA be-Soft）; 每日 3 泵 ADA 水草液肥（GREEN BRIGHTY STEP I、GREEN BRIGHTY SPECIAL SHADE）
换水: 每 2 周 1 次, 每次 20L
水质: pH6.2、TH20mg、KH1.0、COD6.0
水温: 26℃
生物: 喷火灯鱼、七彩水晶旗鱼、露比灯鱼、小精灵鱼、黑玛丽鱼、黑线飞狐鱼、三间鼠鱼、大帆琵琶鱼

一边尝试, 一边寻找下一个可能性。这就是这件作品的主题。无论是使用佗草, 还是请编辑部的朋友提供水草, 都是为了在偶然中寻找意外之美。将水草种在一些自己平时绝对不会种的地方, 反而会产生一种意想不到的乐趣。可能这就是抹去了人工的痕迹吧。

而且, 水景经过一段时间后, 会变得十分自然。再过 3、4 个月就会换季, 要是能配合不同的季节, 替换掉一些水草, 不断改变水草的配比, 一定非常有意思。这件作品完成时是秋季, 因此, 我加入了较多红色系水草。如果能让观众感到茜草飞舞般朦胧的秋日风情, 这件作品就算成功了。这次我并没有从整体上进行精心设计, 而是希望能像"插花"一样, 尝试认真养殖每一棵水草, 并从中挖掘出每种水草的魅力。不过, 在反复修剪将它们制作成景观的过程中, 这个愿望可能又变得模糊了。

另外, 这次志藤范行与村濑一贵两位先生在养殖要点方面给予我很多指导, 他们一直在想方设法培育一些稀有品种和难养品种, 并且取得了很大的成功。他们的努力令我十分敬佩。借此机会, 谨向二位老师致以诚挚的谢意。

60cm 水草缸案例集

景观制作：志藤范行（An aquaium）
摄影：石渡俊晴

收集与布局（Collection and layout）

水草，就是要种类丰富才有意思！

  这件作品中密密麻麻种植的水草共有 22 种，主要使用的都是我们近年来介绍过的品种。不仅景观整体十分优美，还可以欣赏到每种水草不同的表情。

  说起收集水草，总感觉会十分杂乱。然而像这样设计成一个造景作品，就会变得十分精彩。还可以巧妙地添加一些沉木，用以区隔不同的水草。此外，还有一点非常值得关注。在这件作品中，沉木都朝向左方竖起，而后景中的有茎草也有意识地形成从右向左流动的线条，这样一来，这件作品就不会显得扁平，而是变得非常立体，充满动感。

数据

水缸尺寸（长×宽×高）：60cm×30cm×45cm
照明：24W 灯 ×4，每日 10 小时照明
过滤：ADA 强力金属过滤桶 ES-600
底床：ADA 水草泥（AMAZONIA Ⅱ）、ADA 能源砂（POWER SAND）
CO₂：每秒 2 泡
添加剂：促水草生长微量元素（FLORA CELL）、水草生长促进剂（FERRO CELL），每次换水时各添加 5mL
换水：每周 2 次，每次 2/3
水质：pH5.3

水温：26℃
生物：紫纹孔雀龙鱼（里根氏矛丽鱼）、草莓丽丽鱼、雪花棋盘鲷、月光鱼、黑线飞狐鱼、白缰小美腹鲶
水草：豹纹水罗兰、圣塔伦小可爱睡莲、几内亚矮宝塔、印度沟繁缕、紫中柳、罗贝利、大叶绿蝴蝶、长叶虎耳、老挝水芹（针叶水芹）、红唇丁香、几内亚水罗兰、柬埔寨红松尾、潘塔纳尔艾克草、柬埔寨窄三角叶、巴西眼子菜、皱斑中柳、亚历克斯血心兰、大叶珍珠草、尖叶红蝴蝶、潘塔纳尔虎耳、红太阳、绿宫廷

景观制作：高城邦之（市谷垂钓·水族用品中心）
摄影：石渡俊晴

只用放射状水草（Only rosettes）

数据

水缸尺寸（长 × 宽 × 高）：60cm×30cm×45cm
照明：24W 荧光灯 ×3，每日 8 小时照明
过滤：Tetra EX 过滤器
CO_2：每秒 1 泡
添加剂：Tetra pH/KH 调节剂（Tetra PH/KH Negative）、
Tetra 水草生长促进剂（Tetra Crypto）
换水：每周 2 次，每次 20L
水质：pH7.0
水温：25℃
生物：黄彩旗鱼、白云金丝鱼、金条鲫、金长鳍豹纹斑
马鱼、金丽丽鱼、黄金荷兰凤凰鱼、金青苔鼠鱼、小精
灵鱼、黑线飞狐鱼、大和藻虾
水草：尖叶榕、黄金小榕、盆栽小榕、袖珍小榕、燕尾
榕、线条榕、圆叶榕、剑榕、长皱边草、东方皇冠草、
绿火焰皇冠草、紫皇冠草、小喷泉、亚秘椒草、缎带椒
草、威利斯椒草、露茜椒草（长椒草）、圆柱叶泽泻兰、
四色睡莲、菲律宾铁皇冠

完全由放射状水草组成的水草缸，越长越美

近年来，造景中使用的水草大多以有茎草为主，很少见到以皇冠草或椒草等放射状水草的大型品种为中心制作的造景作品。可能这也是由于近年来小型水草缸越来越流行的缘故。

不过，刚开始在水草缸中养殖水草时，难道不是只要看到水草长起来，只要它们单纯地长大就会十分感动吗？出于这种想法，造景师设计出这种水草越生长景观越美丽的造景，而能担此重任的只有放射状水草。

如果全部都是放射状水草，也就不需要复杂的修剪技术。只需将枯叶或是影响景观平衡的部分剪掉就可以了。不过，考虑到水草的形态与生长方式，还是要在如何配置上下一点功夫，才能令整体景观更为优美。

图片是开缸 2 个月后拍摄的，因此，水草还会继续生长，变得更大更美。皇冠草长出新芽时的那种感动……想不想在自己的水草缸中再体验一次呢？

30~60cm
水草缸造景实例

　　近年来，水草缸的小型化是水族界的一大趋势，这种变化甚至已经影响到水草造景。

　　不过，我们必须要认识到，水草缸越小，对修剪养护的要求就越高。

　　当然，只要日常养护到位，小型水草缸所展现出的自然感与景观之美也毫不逊色。

初学者也很容易制作的水草缸

　　为了给初次挑战小型水草缸的朋友提供一个参考，我们这一次选择了大小适当的水缸，以及容易养殖的水草作为材料。当然，您也可以借鉴一下沉木的摆放方式与表现方法。

摄影：T.Ishiwata

景观制作：村濑一贵（AQUA GALLERY GINZA）
拥有丰富的水草知识，养殖技术高超，可根据不同的水草种类进行水质管理。造景风格比较明亮华丽。

制作步骤 / How to Make

●制作水草缸的骨架

使用 45cm×27cm×30cm 的水缸。这个规格不大不小，初学者也很容易掌握。

均匀铺设水草泥，然后在底床上摆放两根枝状沉木。摆放时，注意根部靠在一起，让枝条前端向外散开。

通过以下 4 步，完成造景骨架。将铁皇冠绑在沉木的根部。

用钳子将枝条前端接口处比较平坦的部分折断，看上去会更自然。

将直立莫丝用线绑在沉木上，令其附着生长。如果不确定绑在什么位置好，可以先全部绑上，然后根据整体造景的需要进行调整。

从正面、侧面、上面等不同角度确认沉木枝条的方向，每一根枝条都不要重叠，这样看上去会更美观。

附着铁皇冠时，一定要将水草紧贴在沉木上，只绑一个位置也可以，但一定要用力绑紧。

30~60cm 水草缸造景实例 1

材料 / Material

使用的水草与用量

① 越南趴地三角叶
② 小叶铁皇冠
③ 直立莫丝
④ 喀麦隆莫丝
⑤ 皱斑中柳
⑥ 红宫廷
⑦ 绿宫廷

除图片中的水草外，还种了1杯矮珍珠

● 种植有茎草

种植完成后的水草缸

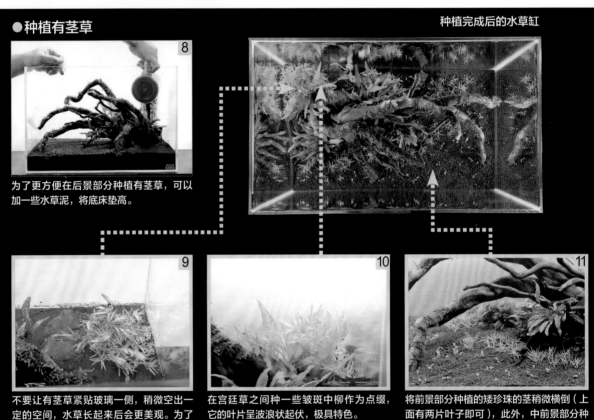

为了更方便在后景部分种植有茎草，可以加一些水草泥，将底床垫高。

不要让有茎草紧贴玻璃一侧，稍微空出一定的空间，水草长起来后会更美观。为了增加宫廷草的密度，可以3根一小把进行栽种。

在宫廷草之间种一些皱斑中柳作为点缀，它的叶片呈波浪状起伏，极具特色。

将前景部分种植的矮珍珠的茎稍微横倒（上面有两片叶子即可），此外，中前景部分种植的越南趴地三角叶最好提前将茎剪短，这样它们可以匍匐生长，将底床爬满。

种植完成

这件作品的构图十分简单，只需将两根枝状沉木沿同一方向摆放，然后在后景种植一些有茎草，稍加变化就能很容易地制作出精美的水景。

1个月后

由于矮珍珠才刚刚开始生长，所以并没有进行修剪。

第1个月的维护要点及变化

　　整体来说，水草长势良好，并没有出现长藻问题。可能是由于粉末状的水草泥颗粒非常细，仿佛盖子一样压住了底床肥料，所以没有过多的营养成分溢出，也就不容易长藻。

　　每周换1次水，每次换80%左右，同时添加一些液肥。每秒添加1泡CO_2。每天保证10小时照明。除藻鱼选用了小精灵鱼、黑玛丽鱼和托氏变色丽鱼。

后景草（宫廷草）

修剪之前应想好它们到下次修剪前能长高多少。

绿宫廷与红宫廷的生长速度基本没有差别，可以一起修剪。第一次应多剪一些，这样便于以后调整草形。

小叶铁皇冠

小叶铁皇冠已长出新叶，因此，应将发黑的叶片以及一开始角度比较奇怪的叶片全部剪掉。

直立莫丝

如果直立莫丝过于茂盛，长得太厚，内侧水草容易腐烂脱落，因此应提早修剪。

越南趴地三角叶

逐根修剪越南趴地三角叶，每根水草的茎保留一定长度，要有耐心。如果从根部直接剪掉，可能会影响生长。

将剪下的部分重植在水草密度较低的位置，增加水草数量。

修剪后

不同位置上的水草种类、功能均已固定，只需定期修剪，即可轻松地长期维持景观。后景中的宫廷草，在修剪时注意修出一定的角度，令其向前倾斜，这样新芽就会向前生长，看上去更美观。

1个月后

使用别致的沉木与心仪的水草……

文：村濑一贵

自从参观了山田洋老师的水族作品展，我就开始喜欢上水草造景。那些造景作品中的木化石，以及各种有茎草给我留下了深刻的印象，令我至今难忘。当时，我也模仿着做了一个水景，好不容易买来一块巨大的木化石，将它摆在水缸正中，又在旁边种了些大型皇冠草，实在不能称作是一件造景作品。不过，水草缸中摆放着别致的石头与沉木，每天都能看着自己喜欢的水草在里面茁壮成长，是一件十分开心的事，令我回味至今。

如今，十几年过去了，时代不同了，各种各样的造景大赛如火如荼。是用图片参赛，还是用实景参赛，要求各不相同。我必须根据不同的情况选择造景材料，再也不能随心所欲地选择自己心仪的水草，这多少令我感到一丝遗憾。我很喜欢一种叫作"绿乌拉圭皇冠草"的水草，一直梦想着有一天能在造景中用到它。

在这次的作品中，我的主要目的是让 45cm 宽的小型水缸看上去更为开阔。为此，我使用了细枝状的沉木，水草也主要以细叶品种为主。

另外，考虑到要让初学者也很容易掌握，我选择的都是非常容易养殖的水草。为了促进水草生长，我在换水时添加了降 pH 值调节剂，用来调节水质。我用的是温度合适的自来水，只需提前除一下氯即可使用。照明灯可选用荧光灯。

关于构图，我自己每次进行造景时，都会纠结于沉木的角度与位置，最重要的就是应如何构建出更多的"三角形"。这件作品，很明显，整体采用的是三角形构图，不过，除此之外，我还搭建了很多小三角形。比如，小叶铁皇冠所在的位置，从正面看，以枝状沉木的前端为顶点连接一下，就会发现很多三角形。这种构图可令景观更为自然、优美，您也不妨参考一下。

修剪时，尤其是修剪宫廷草等有茎草时，一定要注意角度。剪的时候，要想好新芽长出后的形状。角度稍微陡峭一些，长好后的形态会更美。宫廷草、矮珍珠等水草都需要勤修剪，所以不妨多剪几次，找一下感觉。

水草种植平面图

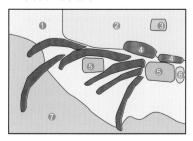

① 越南趴地三角叶
② 绿宫廷
③ 皱斑中柳
④ 红宫廷
⑤ 小叶铁皇冠
⑥ 喀麦隆莫丝
⑦ 矮珍珠
※ 沉木上附着直立莫丝

数据

水缸尺寸（长 × 宽 × 高）： 45cm×27cm×30cm

照明： 15W 荧光灯 ×2，每日 10 小时照明

过滤： 外挂式过滤器

底床： ADA 能源砂（POWER SAND S）、ADA 水草泥（粉末型）

CO₂： 每秒 2 泡

添加剂： 促水草生长微量元素（FLORA CELL）、水草生长促进剂（FERRO CELL），每次换水时各添加 5mL

换水： 每周 1 次，每次 70%

水质： pH6.8

水温： 25℃

生物： 金三角灯鱼

30~60cm 水草缸案例集

景观制作：村濑一贵（AQUA GALLERY GINZA）
摄影：石渡俊晴

一个花圃（A flower bed）

数据

水缸尺寸（长 × 宽 × 高）：
45cm × 27cm × 30cm
照明： 15W 荧光灯 ×2
过滤： 水下过滤器
底床： ADA 水草泥（AMAZONIA）、
ADA 能源砂（POWER SAND S）
CO₂： 每秒 1 泡
添加剂： 促水草生长微量元素（FLORA
CELL）、水草生长促进剂（FERRO
CELL），每次换水时各添加 5mL

换水： 每周 2 次，每次 1/2
水质： pH5.5
水温： 25℃
生物： 梦幻小丑灯鱼、金丽丽鱼
水草： 绿宫廷 II、小圆叶、越南百
叶、南美小百叶、尖叶红蝴蝶、日本
绿千层、波叶谷精太阳、簧藻、矮珍
珠、大理石皇后太阳草、紫中柳、宽
叶中柳、爪哇莫丝、椒草

蝴蝶飞舞的梦幻花圃

这件作品的风格是"明亮华丽"，因此它的最大看点就是位于前景中央位置的南美小百叶。红色的叶片呈放射状展开，夹杂在矮珍珠之间，宛如一朵朵盛开的鲜花。

整体构图以左后方为顶点，形成三角形构图，中间的沉木周围种植着波叶谷精太阳、紫中柳以及前面提到的南美小百叶，将中景点缀得绚丽缤纷。

梦幻小丑灯鱼身上有很多独特的黑斑，看上去十分可爱。虽然色彩十分素雅，但在水景中存在感十足。

利用水榕与沉木表现大树造型的水草缸

巧妙地利用那些能够附着在沉木或石头上的水草，可以制作出非常有意思的造型。下面，我们来用沉木搭建一棵大树，再用水榕表现茂密的树叶。

摄影：T.Ishiwata

景观制作：早坂诚（H2 公司）
擅长精巧细腻的造型，如在花瓶中进行水草造景等，创意十足。

制作步骤/How to Make

●用沉木搭建大树

1 用电钻和螺丝将枝状沉木卯在一起。先在下面打好眼，操作会更方便。

2 将大树主干做好，放入缸（30cm 正方体）内，确认摆放的位置与朝向。一开始重心可能有些不稳，不过，不用担心，放入砂粒及其他沉木后，就会变得非常稳固。

3 在沉木根部用活扣式尼龙扎带绑上一根较粗的沉木，这样看起来会更像树干。如果扎带不够长，可以再接一根扎带。

4 用 7 根沉木组成的大树造型。为了从侧面也能观赏，造型时，有意识地让枝条向各个方向发散。

30~60cm 水草缸造景实例 2

● 放置石头，设定种植水草的空间

水草只种植在沉木根部附近，其他地方铺设化妆砂，因此，先用青龙石做好空间区隔。

摆好沉木，然后从水缸后侧倒入水草泥，注意不要溅到其他区域。另外，为了配合枝条的朝向，青龙石应摆成放射状。

倒入化妆砂后，用毛笔将化妆砂铺平。手伸不进去的地方，可用镊子夹住毛笔进行操作。

种植水草的区域铺设水草泥，要将底床肥料深深埋进水草泥。化妆砂部分可以等水草长起来后再弄。

造景基础部分完成。观察整体的平衡后，在化妆砂上又摆放了几个小石头。

● 用速干胶将袖珍小榕附着在沉木上

选择袖珍小榕来表现枝条上繁茂的树叶。这里没有使用包塑扎线，而是用速干胶将水草附着在沉木上。首先从杯中取出水草，去掉岩棉，将根部剪到靠近根茎的位置。

为了更方便附着，先将水草放在报纸上，晾一晾根茎部位（一定要注意，不能彻底干燥，否则水草容易打蔫）。这里准备了12杯水草。

在根茎上涂抹速干胶。1~2滴即可。

用镊子将袖珍小榕轻轻粘在沉木上。考虑到水草以后的生长，应将顶芽朝向枝梢方向。

在粘之前，先用手暂时固定住水草。脑海中想象一下真正的大树，枝梢部分的水草要少一些，枝条深处的水草要多一些。

● 种植其他水草

15 粘好袖珍小榕后，给水缸注水。在注水之前，为了防止袖珍小榕干燥，应时不时用喷雾器喷一些水。

种植
完成

一件独一无二的原创作品完工了。

水注到一半左右时，开始种植微果草（2 杯）。为了使它匍匐生长，顶芽应朝前种植。

将爪哇莫丝塞到尼龙扎带上。等它们长起来后，不仅能把扎带盖住，而且会非常漂亮（注水前将多余的扎带剪掉）。

1 个月后

第 1 个月的维护要点及变化

开缸后 2～3 天，沉木上分泌出疙疙瘩瘩的白色物质，仿佛霉斑一样。于是坚持每天换水，每次换 1/2 左右，这样也有利于促进水草生长。

第 2 周开始，为了去除藻类与油膜，投放了黑玛丽鱼、安德拉斯孔雀鱼、黑线飞狐鱼、大和藻虾和转色彩螺（加入鱼虾后，改为每周换水 1 次，每次换 1/2）。

此外，由于微果草的长势不太理想，在拍摄前几天又补种了一些三裂天胡荽。

虽然水面上方附着的袖珍小榕已经溶解了，但水下部分长势良好，而且速干胶也没有对鱼虾造成任何影响（袖珍小榕大约脱落了 5 株，因此又补种了 3 杯）。

可以明显看出，枝条上的袖珍小榕已经扎根成活。除底床外，在沉木枝条上附着袖珍小榕的部分也挂了一些三裂天胡荽。

1 个月后 ➡

开缸2个月后的景观。枝条上的袖珍小榕垂下了长长的根，感觉已经不只过了两个月。由于三裂天胡荽还不够茂盛，而且袖珍小榕给人的印象也不够强烈，因此，再次对水草进行了修剪，调整了景观平衡。

脑海中想象一棵大树

文：早坂诚

　　从事水草造景工作以来，每天到处寻找造景素材也变成我工作的一部分。享受乐趣的同时，也遭遇到不少苦恼，尤其是最近，我一直在不停地为各大活动制作水景，感到心力交瘁。

　　就在这时，店外摆放的一棵"发财树"忽然映入我的眼帘。能不能根据一棵树的形象进行造景呢？我觉得这个想法不难实现，刚好又接到这份工作的邀请，于是，我决定挑战一下自己。

　　就这样，制作"一棵枝干复杂的大树"，同时还要表现出"树枝上树叶的形态"，这两个想法都在这一作品中得到了实现。

　　首先，为了更好地表现大树造型，我从很多沉木中挑选出最符合自己想象的几根，将它们固定在底床上。"如果先固定了沉木，再附着水草岂不变得非常困难？"很多人可能都会产生这样的疑问。没错，这是一个很大的问题。我也曾考虑过，在摆放沉木之前先用包塑扎线将水草绑好。不过，由于水缸尺寸很小，稍有不慎就会感觉十分不自然。于是，这次我使用的是"速干胶"。结果大家已经都看到了，虽然有几根水草在注水时出现脱落，但整体效果要比我预想的更好。

　　当然，也有一些构想没有按计划实现，比如底草使用的微果草。在我的设想中，枝条缝隙间透出的

水草种植平面图

微果草
三裂天胡荽

沉木

青龙石

※ 沉木的枝条部分附着袖珍小榕和爪哇莫丝，上面挂着三裂天胡荽。

数据

水缸尺寸： 30cm 正方体
照明： 24W 金卤灯
过滤： 伊牙经典过滤器 2213
底床： ADA 水草泥（AMAZONIA）
CO₂： 每秒 1.5 泡
添加剂： ADA 活性钾肥（BRIGHTY K）、ADA 水草液肥（GREEN BRIGHTY STEP2），每日各 1 泵；每次换水时添加 3 滴 ADA 水草活

力剂（GREEN GAIN）
换水： 每周 1 ~ 2 次，每次 1/3 ~ 1/2
水质： pH6.7
水温： 27.5℃（由于是夏季，水温略高）
生物： 霓虹燕子鱼
水草： 袖珍小榕、微果草、三裂天胡荽

光可以让它们像草坪一样生长，然而，由于光量不足，它们没能匍匐生长，几乎所有的叶片全都伸向水面，导致黑色的水草泥变得十分醒目，非常难看。情急之下我想到了"寄生在绳文杉这样的大树上的藤本植物"。这个点子听上去简直太理想了，于是我选择了三裂天胡荽来充当藤本植物。因为它的生长速度很快，而且叶片大小也比较合适。由于光线不足，种在底部的水草叶片全都攀附到树上，看上去就像寄生在树上一样。

日常养护方面，主要还是要解决除藻问题。由于枝条几乎挡住了全部水面，因此，要想去除缸壁上的藻类，就只能在镊子尖上插一小块蜜胺泡棉，伸进水草缸里擦。没想到，这项工作还挺有意思。只是袖珍小榕叶片上（尤其是水面附近）长了很多须状藻，一直让我苦恼到最后一刻。我只能在每次换水时，趁水面下降时，不断给长藻的叶片涂木醋液。这样一来，虽然没能彻底去除所有藻类，但总算能让叶片维持住优美姿态。

附着在沉木上的袖珍小榕垂下一条条笔直的根。起初，那些根只有几厘米长时，我真是太开心了。望着它们 1 厘米、1 厘米地不断生长，我甚至有些爱上它们了。在进行第 2 个月的拍摄时，这件作品就算已经告一段落，不过我真的还想再多享受一下这段过程。

30~60cm 水草缸案例集

景观制作：早坂诚（H2 公司）
摄影：石渡俊晴

巧克力飞船鱼的专属水草缸（For chocolate gourami）

数据

水缸尺寸（长×宽×高）: 45cm×27cm×30cm
照明: 金卤灯
过滤: 外置过滤器
底床: ADA 水草泥（AMAZONIA）
CO₂: 每秒 1 泡
换水: 每周 1 次，每次 1/3
水质: pH6.0
水温: 25℃
生物: 巧克力飞船鱼、小精灵鱼、锯齿新米虾
水草: 矮珍珠、铁皇冠、三裂天胡荽、小莎草、黑木蕨、爪哇莫丝

偶尔养一些色彩素雅的小鱼
也不错。

主角是巧克力飞船鱼！

　　水草缸里养什么鱼好，往往不是首要考虑的问题，通常都是在造景完成后再挑选一些与景观比较搭配的观赏鱼。然而，这次介绍的造景主角是巧克力飞船鱼，整件作品都是围绕着如何适应巧克力飞船鱼的生长与繁殖而设计的。例如，凹型构图中的沉木上缠绕着很多三裂天胡荽，形成大块的阴影，方便小鱼栖息其中。

　　口衔鱼卵的巧克力飞船鱼在水中游来游去时，肯定会认为自己正身处自然环境之中呢。

30~60cm 水草缸造景实例 3

能长期维护的水草缸

小型水草缸的优点在于制作简便，可随时打破重来。不过，正因为如此，能够"长期维护"的造景才更有价值，它所呈现出的自然感并非一朝一夕所能形成。

摄影：T.Ishiwata

景观制作：半田浩规（H2 公司）
擅长制作全景立体画风格的造景，如在水景中展现层峦叠嶂的山峰等，曾在世界水草造景大赛中荣获佳绩。

制作步骤 / How to Make

●组装沉木

1 使用 31cm×18cm×24cm 规格的水缸。制作小型水草缸时，你可以想象自己是把大型水草缸的某一部分截取下来，而不是要将所有元素全部放进去。

2 底床上摆放两根枝状沉木，为了防止沉木漂浮，将石头放在沉木上压实。另外，如果枝条太长，放不进去，可用钳子剪断。

3 将爪哇莫丝绑在沉木上。尽量绑在有光照的位置上，更好附着。

●制作中景

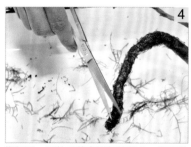

4 绑好后，用剪刀剪去翘起的部分。如果放置不管，叶片展开后，水草形状会比较难看，那时再修剪就会比较费事。

5 这里，几乎所有沉木上都绑满了爪哇莫丝。如果在大水草缸中，可以使用更大的沉木，那就无需将莫丝绑得这么满。挑选几个部位进行附着，能给景观增加不同的变化。

6 放几个小石头，用来区隔前景与后景。石头看上去多少有些碍事，不过无需担心，等水草长起来后就会把它们挡住。

30~60cm 水草缸造景实例 3

使用的水草与用量

① 爪哇莫丝
② 印度百叶草
③ 越南紫宫廷
④ 印度红宫廷
⑤ 小红莓
⑥ 日本绿千层
⑦ 牛毛毡（最终并未使用）
⑧ 窄叶铁皇冠
⑨ 附着了爪哇莫丝的小石头

⑩ 迷你牛毛毡
⑪ 绿壁虎椒草
⑫ 针叶皇冠草
⑬ 绿宫廷
⑭ 绿蝴蝶
⑮ 矮珍珠

如果有其他养了窄叶铁皇冠的水草缸，也可以使用那里的子株。

将绑好爪哇莫丝的小石头放在沉木根部比较粗、不容易绑线的位置。同样，石头上翘起的莫丝也要提前剪掉。

利用绑着窄叶铁皇冠或爪哇莫丝的小石头区隔空间。

种植水草前，将后景部分的底床垫高，注意保持与中景的平衡。底床后部的厚度大约为5cm。

造景骨架部分基本完成。种植水草前，对水草的位置与种类要有一个大致的构想，这样操作起来会更顺利。

●种植水草

注水至浸湿水草泥的程度，在前景部分种植矮珍珠，中景种植绿壁虎椒草与针叶皇冠草。中景部分水草的量一定要足够，否则等后景草长起来开始前倾后，很容易被挡住，一定要切实种好中景草。

继续加水，然后开始种植后景草。在小型水草缸中，如果水草种植过密，很容易枯萎，因此，应逐根栽种。

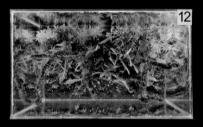

将叶片较细的印度百叶草种在中间，两边的水草叶片逐渐变大，可以令景观更开阔。另外，为了让日本绿千层的叶片更向前倾，种植时应斜插进底床。

种植完成

后景部分有茎草的比例计划为左3：右2，因此左侧多种了一些红色的有茎草。前景部分的设计是希望矮珍珠最终能爬满水草缸的一半左右。

1个月后

第1个月的维护要点及变化

开缸后第5天，缸内开始出现硅藻，于是投放了20只锯齿新米虾，继续观察。

每2天换1次水，每次换1/2。由于底床使用了能源砂，所以没再添加液肥，主要通过换水来促进水草生长。CO_2的添加频率为每秒不到1泡。

另外，又追加了一些绑了窄叶铁皇冠与爪哇莫丝的小石头。

水草缸的状态还不错，宫廷草已接近水面。爪哇莫丝绿油油的，十分健康，可见它们已经成功地附着在沉木上。

矮珍珠

为了防止前方草皮太厚，将前玻璃附近1.5cm空间内生长的叶片全部一片一片剪掉（剪断茎或走茎也没关系）。后方的水草可以与石头融为一体，无需修剪。

有茎草

第一次修剪的主要目的是增加水草数量，因此无需考虑水草的种类与性质，只管放手修剪。

爪哇莫丝

为了突出细枝的线条，将沉木上翘起的爪哇莫丝全部剪掉。勤修剪（可以每天修剪）能够令叶片更硬，形状也更美。根据沉木的朝向变换剪刀位置，操作起来会更方便。

调整水位

修剪前景草或将手伸进水缸深处操作时，一定要提前排水，避免水洒出来。相反，修剪后景草时，水量充沛更有利于操作，因为这样可以更清楚地观察水草高度。

修剪后

除了上述修剪外，还剪掉了针叶皇冠草侵入到其他区域的走茎，以及窄叶铁皇冠的枯叶。考虑到景观需长期维护，而且小鱼也需要充分的空间，修剪是十分必要的。

1个月后

进行水草造景前应掌握的知识

文：半田浩规

很多初次接触水草造景的朋友，会觉得小型水草缸看起来比较容易，于是想从这里开始挑战。然而现实却比想象中困难很多。如果只是一个临时的景观还好，若想长期维护水景的稳定，需要花费大量的精力，进行很多细致的操作（换水、修剪等）。

我自己不是很擅长这种细致的操作，我也不喜欢看到鱼儿在狭小的环境中逼仄地游来游去。因此，这次我是特意选择要挑战一下小型水草缸，我想试试看，怎样才能在有限的环境中让小鱼愉快地生活，同时又能让水草造景成立。

了解小型水草缸的最大极限

制作小型水草缸时，应特别注意以下几方面：

●选择比较小型的水草；

●选择小型观赏鱼，尽量控制数量；

●尽量保证鱼类自由活动的空间；

●以维护半年至一年为目标。

"得其大者可以兼其小"，这句古语在水草造景中也很适用。不同于自然环境，造景需要在一个有限的四方水缸中放入不同的生物与水草。因此，无论外观还是景观所能维持的时间、生物生存的环境，肯定都是大型水草缸具有绝对优势。只有清楚地认识到这一点，才能心无芥蒂地欣赏小型水草缸。

水草缸的制作过程

真正开始制作后，最令我感到惊讶的是，爪哇莫丝的生长速度之快远超我的想象。莫丝这种水草可以很轻松地制造出自然感，但反过来，如果它们长势过快，也会形成一种压迫感，令景观整体显得十分压抑。于是，修剪工序就变得十分重要。而剪下来的碎片如果掉在底床上，就会长得到处都是，无法收拾。因此，为了长期维护景观，避免景观垮掉，一定要仔细吸走每一块莫丝碎片。

反而是后景中的有茎草，这次表现得格外沉稳。除了每次养护时把翘起的水草剪掉以外，大幅修剪只进行了三次。

至于水草缸中的住客，中上层请来了火焰小丑灯鱼和小叩叩鱼，中下层请来了黄金袖珍鲃。这些鱼的体型都不大，可以用人工饲料喂养，非常适合在小型水草缸中长期生活。如果将小叩叩鱼换成月光燕子鱼，小鱼的游动层会更为清晰，整体水景看上去更合适鱼类生活。不过，由于这次的水草缸没有使用盖子，所以就放弃了这个方案。

日常养护的要点

为了维护好水景，后期在养护上最重要的问题就是要最大限度地除藻。而解决这一问题的关键在于能否恰到好处地给鱼喂食。这是一项每天都要做的工作（愉快的时间段），所以可以慢慢观察。每次都有意识地关注一下水温如何、长没长藻、水草是否又冒出了新芽，这样就可以为下一次养护积累经验。

再过 1 个月左右，沉木和矮珍珠的老叶上就会出现须状藻。无论养护得多么仔细，到了这个时间段（开缸后大约 3~4 个月）以后，一定会冒出这种藻。因此，只要发现了须状藻，哪怕只有一点点，也要马上处理。勤换水，同时尽量把草丛中或石缝里积存的污物吸干净。此外，市场上销售的磷酸盐吸附剂可以有效延缓藻类生长的速度。

至于有茎草方面，由于水草缸尺寸比较小，修剪到一定程度后如果需要重植，可以直接从根部剪掉，重新换一种水草来种。例如，换成牛毛毡，水景应该会变得更清爽。

结语

无论做什么事情都是同样的道理，你做得越多，就越接近自己脑海中的想象，水草造景也不例外。如果今后你也想要进行水草造景，不妨先设定一个小目标，等制作成功后再换下一个新目标……希望每个人都能这样不断积累经验，愉快地向着自己理想的目标前进。

水草种植平面图

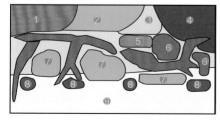

①越南紫宫廷　　⑥日本绿千层
②印度百叶草　　⑦窄叶铁皇冠
③绿蝴蝶　　　　⑧针叶皇冠草
④绿宫廷　　　　⑨矮珍珠、迷你牛毛毡
⑤小红莓　　　　※ 沉木上附着爪哇莫丝

数据

水缸尺寸（长 × 宽 × 高）: 31cm×18cm×24cm
照明: 27W 荧光灯 ×1，每日 10 小时照明
过滤: SUDO 外置过滤器（EDENIC Scelto V2）
底床: ADA 能源砂（POWER SANDS）、ADA 水草泥（AMAZONIA II 普通型）、ADA 水草泥（AMAZONIA 粉末型）
CO₂: 每秒 1 泡
添加剂: 每日 1 滴 ADA ECA 有效性复合酸；每日 1 泵 ADA 活性钾肥（BRIGHTY K）
换水: 每周 1 次，每次 1/2
水质: pH6.8
水温: 27℃
生物: 火焰小丑灯鱼 ×15 条、黄金袖珍鲃 ×5 条、小叩叩鱼 ×3 条、锯齿新米虾

30~60cm 水草缸案例集

景观制作：吉原将史（H2 公司）
摄影：石渡俊晴

蜈蚣草森林中盛开的花朵

本页将介绍无需使用过滤器的水草缸，完全通过水草本身的净化作用来维护水质。

后景中使用的马达加斯加蜈蚣草生长速度极快，净化能力超群，而且形态优美，简直是"一石三鸟"，最适合这种形式的造景。

不过，只有蜈蚣草，感觉会比较杂乱，因此，又加了一些红色的宫廷草，令景观更为生动。

数据

水缸尺寸： 直径 20cm × 高 20cm
照明： 75W 卤素灯
底床： ADA 水草泥（AMAZONIA II 粉末型）、ADA 能源砂（POWER SAND S）
CO₂： 每 2 秒 1 泡（熄灯后打氧）
换水： 每周 1 次，每次 1/2（开缸初期坚持每日换水）
水温： 27℃
生物： 安德拉斯孔雀鱼（橙色）×2 对、锯齿新米虾 ×5 只、蜜蜂角螺 ×2 个
水草： 马达加斯加蜈蚣草、牛顿草、红蝴蝶、印度红宫廷、矮珍珠、鹿角苔、香菇草

小型水草缸中的"侘寂"之美

这件造景作品很像一个庭园模型。石组造型简练，意蕴悠长，景观之美全都浓缩在精巧的造型之中。

构图上，有意通过主石（左）与副石（右）的摆放，在中央位置形成很大一块空白，同时又在前景部分种植了体型极小的迷你矮珍珠，因此视觉上十分开阔，看上去完全不像一个 20cm 的正方体水草缸。

数据

水缸尺寸： 棱长 20cm 的正方体
底床： ADA 水草泥（AFRICANA 粉末型）、ADA 能源砂（POWER SAND S）
生物： 湄公河青鳉 ×7 条、蜜蜂角螺 ×3 个、锯齿新米虾 ×5 只
水草： 牛毛毡、迷你矮珍珠、鹿角苔
※CO₂、换水、水温、照明数据同上一个作品。

景观制作：山口欣信（AQUA FOREST）
摄影：石渡俊晴

山峰（Top of the mountain）

数据

水缸尺寸（长 × 宽 × 高）： 36cm × 22cm × 26cm
照明： 37W 双管荧光灯 ×1，每日 12 小时照明
过滤： 伊罕经典过滤器 2211
底床： ADA 水草泥（NEW AMAZONIA）
CO$_2$： 每秒 2 泡
添加剂： 店铺自制水草液肥
换水： 每周 1 次，每次 1/3
水质： pH6.5
水温： 26℃
生物： 微型蓝灯鲃、红蜜蜂虾
水草： 美国凤尾苔、矮珍珠、三裂天胡荽

微型蓝灯鲃清爽的颜
色尽收眼底。

直冲云海的山峰

　　很显然，这件作品是要表现山峰的形象。不过，这里所使用的水草表现的并不是山中茂密的丛林，而是"云"。没错，这件作品的主题是巍峨耸立、冲破云霄的高峰。

　　水草缸横宽 36cm，绝对不算大，但几块岩石搭建起来的凸型构图令整件作品看上去要比实际尺寸大很多。而且蓬松轻软的三裂天胡荽以及圆滚滚的美国凤尾苔，与岩石棱角分明的质感形成绝妙的对比，完美呈现出云彩的姿态。这些水草的选择非常有品位。

　　此外，水草缸中的住客原本只有红蜜蜂虾，因此水草缸上层略显空落，于是又加了一些小鱼。考虑到岩石的色彩，最终选择了微型蓝灯鲃。它们在水中游来游去，背上蓝光闪闪，与其说它们像是小鸟，不如说更像山顶吹过的一阵微风。

90cm
水草缸造景实例

据说最适合用于水草造景的就是 90cm 水缸。原因有很多，比如它的横宽、纵深及高度的比例最为平衡等，其中最重要的一点是它的空间大小合适，可以进行很多创意设计。

如何制作出吸引人的水草缸

　　水族界经常举办水草造景大赛。而左右胜负的关键就是"如何能吸引更多人的关注"。下面我们就跟随一件实际参展作品的制作过程，来探寻其中的奥妙。

摄影：T.Ishiwata

景观制作：轰元气（AQUA FOREST）
积极参与各项活动，并取得很多优秀成绩。
造景时制造一条"小路"是他的标志风格。

制作步骤 / How to Make

●组合沉木

使用 90cm×45cm×60cm 规格的水缸。这个比例在进行造景时可能不太方便，不过由于高度足够，在会场中会十分醒目。右下方的底板式过滤器是为了将水草缸搬进会场时抽水使用的。

底床肥料上铺好水草泥后，布设枝状沉木。这里使用了 6 根沉木，为了造出一条"小路"，在中央部分搭成一个弓形。

确认好造型后，先将沉木取出，再添加一些粉末状水草泥（如果先加粉末状水草泥再摆沉木，可能会在设计造型时将下方的普通水草泥带出来，因此，应最后添加）。

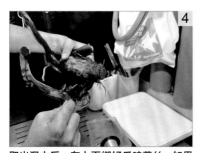

取出沉木后，在上面绑好爪哇莫丝。如果沉木表面比较光滑，莫丝就不容易附着，因此，一定要用不溶于水的鱼线绑牢。

绑好莫丝后，重新组装沉木。为了防止沉木在水缸移动过程中松散，应用包塑扎线牢牢绑紧。

在沉木的缝隙间插入铁皇冠，造景骨架完成。为了更好地体现沉木原色，可以在沉木上零散地绑一些爪哇莫丝，尤其要遮住接合位置。

90cm 水草缸造景实例 1

使用的水草与用量

① 黄松尾 50 根
② 大叶珍珠草 2 杯
③ 簧藻 20 根
④ 大莎草 5 把
⑤ 窄叶中柳
⑥ 印度红宫廷
⑦ 绿蝴蝶
⑧ 万荣百叶草

铁皇冠。提前将枯叶揪掉。

●种植水草

注水。为了防止水草泥颗粒碎裂，应先在底床上垫好厨房用纸，再慢慢注水。尤其当铺设的是粉末状水草泥时，一定要在注水前先用喷雾器将底床涸湿。

注好水后，开始种植水草。种植后景部分的有茎草时，要意识到成形后的线条，然后像布置花坛一样，将不同水草种在不同的区域，这样可以将每种水草的特点都衬托出来。

基本原则是相邻水草的颜色与形状要尽量有所区别。

圆叶的红香瓜草属于改良品种。不仅形状可爱，红色的叶色也十分醒目，很适合做独立造型。

为了将中后景部分的水草与前景区分开来，可以种一些簧藻（虚线部分）。同时也起到遮挡有茎草下方的作用）。

右侧沉木的边上种了一些香香草。香香草的叶子也是圆圆的，可以像爬山虎一样斜着攀援生长，非常适合与枝状沉木搭配。

种植完成

由于水草缸很高，所以空白部分现在显得有些突兀。不过随着水草不断生长，这些空白会被逐渐填满。另外，等鹿角苔网片长好后，会加铺到前景部分（如果太早放入缸内，鹿角苔可能会漂浮）。

1个月后

第1个月的维护要点及变化

开缸后第10天，在前景部分铺设了25片鹿角苔网片（有些网片上鹿角苔的长势不算太好，可能需要重绑）。

前2周每周换2次水，缸内没怎么长藻，于是将换水频率改为每周1次。使用了4盏20W的荧光灯进行照明，为了赶上出展，每天都坚持11小时左右的长时间照明。另外，为了与照明保持平衡，使用CO_2扩散器加大了CO_2的量，每秒添加2泡。

开缸后的第5天，为了除藻，投放了30只大和藻虾和2条金青苔鼠鱼，为了除螺，加入了2条蓝帆变色龙鱼。

修剪 / Trimming

修剪时注意塑造线条 ·········

后景部分的有茎草想要做成两座小山的形状，左右相对，因此，修剪时注意保持蓬松的圆形线条。

大莎草属于牛毛毡的同类，刚开缸时，如果长势旺盛，可以像有茎草一样直接剪短。就像有茎草会长出腋芽一样，大莎草可以在修剪的部位形成子株。

遮挡水草泥 ·········

红香瓜草下方的水草泥比较明显，因此种了一些牛毛毡加以遮挡。这一技巧也适用于其他放射状水草。

不同水草的修剪要点 ·········

铁皇冠
将长藻的或已形成子株的叶片（老叶）全部剪掉，促进新芽生长。

窄叶中柳
生长速度比较缓慢，不容易与其他水草的高度取齐，因此先不修剪，再让它长一长。

香香草
仔细观察高度，逐根修剪。勤修剪，可令水草蓬松成型。

修剪后

有茎草长得都很好，下面就等鹿角苔冒出气泡，令整体感觉进一步提升。制作参赛作品的难点就在于，必须让每一种水草都能在比赛时达到最佳状态。

1个月后

水草种植平面图

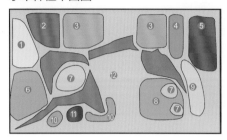

① 万荣百叶草
② 印度红宫廷
③ 大莎草
④ 窄叶中柳
⑤ 绿蝴蝶
⑥ 大叶珍珠草
⑦ 铁皇冠
⑧ 香香草
⑨ 黄松尾
⑩ 虎耳
⑪ 红香瓜草
⑫ 鹿角苔

如何让水草缸在展会上成为焦点

文：轰元气

我最早接触水草造景是看了一本 ADA 公司发行的 2001 年版商品介绍。当时我还是个高中生，原本就很喜爱植物，所以一下子就迷上了它。一开始制作水草缸时，我想做自然式造景，不过最近我对荷兰式造景也很感兴趣。《水族植物》（AQUA PLANTS）年刊上每期都有一个特辑，专门收录荷兰的竞赛作品，我每期必读，那些水草的配色与组合为我提供了很多灵感。可以说，在我的造景作品里，构图多为自然式，而水草种植则深受荷兰式造景风格的影响。

我最喜欢的构图是凹型构图，也就是在中心部分保留很大空间。在凹型构图、凸型构图、三角形构图等基本构图方式中，凹型构图最容易保持画面平衡，也最容易制造出纵深感，所以我很喜欢这种形式。我还有一个固定的构图方式，就是在中心留白的位置造一条小路，然后用水草或沉木在上面架一座拱桥。

凹型构图用在这次这种比较高的水草缸中效果尤其好。这个水缸虽然很高，但宽度不够，很难制造出纵深感，而且容易带给人一种压迫感，因此，利用凹型构图在中心部分保留一部分空间就显得更为合适。

这件作品是为"东京水族 2009"活动准备的参赛作品。比赛规则是由观众投票选出获奖作品，因此关键就在于如何吸引观众驻足观看。尤其是观众中女性与儿童的数量非常多，如何投其所好就显得非常重要。

例如，女性通常比较偏好浅绿色，或是圆叶的水草。于是，这件作品中，前景使用了鹿角苔（浅绿色），中景使用了香香草和虎耳（圆叶）。尤其是茂密的香香草，深受女性观众的欢迎，很多人都大呼"可爱"。

而能够吸引小孩子的当属"生物"，特别是体型较大、非常引人注目的鱼类。因此，比赛时我选择神仙鱼作为水草缸的主角（不过这次采访拍摄时，我把它们取了出来）。神仙鱼的体型十分优雅，知名度又很高，真是再理想不过。观众看到自己熟悉的鱼容易产生亲近感，因此，选择比较流行的种类作为主要的观赏鱼，效果会更好。

此外，为了更便于观众欣赏水草，我种植的水草种类比较少。当然，水草种类多种多样的水草缸更为

细腻、优美、久看不厌，然而，需要细心观赏才能感受其魅力的水草缸并不适合看一眼就要投票的比赛活动。因此，为了让观众远远就能被吸引过来，我着重强调了水草的数量，通过增加每种水草的体积，来增强景观的冲击力。

不过，这个作品还是有些粗枝大叶的感觉，或许应该再增加两三种水草。而且，两侧的万荣百叶草和绿蝴蝶应该再高一些，这样才能将过滤器的管子完全遮挡住，这也是要反省的地方。

必须在短短两个月的时间内完成造景，并参加比赛，我心里一直很担心，不知道水草能不能及时长好，而且修剪时也不容有误，搞得我很紧张。好在最后总算能够按时完工。如果您有机会亲临造景大赛的现场，感受一下造景师的种种意图，一定非常有意思。

数据

水缸尺寸（长 × 宽 × 高）: 90cm × 45cm × 60cm
照明: 20W 荧光灯 × 8，每日 12 小时照明
过滤: 伊罕经典过滤器 2215、2217
底床: ADA 能源砂（POWER SAND SPECIAL M）、ADA 水草泥（AMAZONIA）、AQUA SYSTEM 水草泥（Project Soil Excel 特选细粒）
CO_2: 使用 CO_2 扩散器，每秒 2.5 泡
添加剂: ADA 水草活力剂（GREEN GAIN）、ADA ECA 有效性复合酸
换水: 每周 1 次～ 10 日 1 次，每次 1/3
水质: pH6.5
水温: 26℃
生物: 白翅玫瑰旗鱼、金波子鱼、蓝帆变色龙鱼、金青苔鼠鱼、大和藻虾、小精灵鱼

90cm 水草缸案例集

景观制作：海豚水族店
摄影：石渡俊晴

亚马孙河河底（Deep Amazon）

数据

水缸尺寸（长×宽×高）：
90cm×45cm×45cm
照明： 20W 荧光灯 ×2、150W 金卤灯，每日 10 小时照明
过滤： 伊罕经典过滤器 2213、2215
底床： ADA 淡彩砂（BRIGHT SAND）、ADA 水草泥（AMAZONIA）、ADA 能源砂（POWER SAND）
CO_2： 每 2～3 秒 1 泡（使用 CO_2 扩散器）
添加剂： 无

换水： 每 2 周 1 次，每次 1/4
水质： pH6.5
水温： 26℃
生物： 埃及神仙鱼、一眉道人鱼、小精灵鱼、大和藻虾
水草： 柳叶皇冠草、圣塔马利亚皇冠草、针叶皇冠草、加布里埃皇冠草、象耳草、新卵圆皇冠草、大花皇冠草、香香草

仿佛置身于亚马孙河河底

皇冠草是南美洲最具代表性的水草，而这件作品几乎全部是用皇冠类水草制作完成的。郁郁葱葱的针叶皇冠草、水上叶不断伸展的象耳草，还有在沉木缝隙间游来游去的埃及神仙鱼，都令人不由得联想起亚马孙的水下丛林。

尤其不容错过的是这件作品的构图，两侧的沉木清晰地搭建出凹型构图。一眼看上去，水草似乎显得有些杂乱，但事实上，每种水草的种植都经过精密的计算，可以说，这是一种精心设计出的效果。

皇冠草与神仙鱼的组合真是无与伦比。水缸中央的开放空间里，埃及神仙鱼展开鱼鳍穿行游弋的样子，宛如一幅画。

90cm 水草缸造景实例 2

使用有茎草制作的水草缸

种植各种有茎草后，水景会显得十分华丽，对于水草造景的初学者来说，极具魅力。下面，我们就来看一看如何通过与沉木的组合，令有茎草看上去更美。

摄影：N.Hashimoto

景观制作：山岸觉
在根岸水族店工作期间，主要致力于制作参赛水景，作品极具个性。根岸水族店聚集了一群水草造景的爱好者，遗憾的是，目前已结束营业，不过这些作品一定会一直传承下去。

制作步骤 / How to Make

●铺设底床

使用 90cm×45cm×45cm 规格的水缸。这种尺寸的水缸中，可以使用较大的沉木与石头，更便于展现自己想要制作的水景。

铺设底床肥料，撒入 ADA 百菌粉。菌群产品可以在开缸时帮助建立微生物循环。

铺设 27L 粉末状水草泥。后部稍微垫高一些，以防注满水后可能会出现的塌陷（在有茎草较多的水景中，底床可以全部铺平）。

●组装沉木

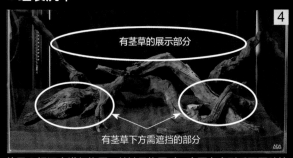

有茎草的展示部分

有茎草下方需遮挡的部分

使用 6 根沉木进行构图。关键是构图时一定要考虑到后面要种植的水草。例如，有茎草经过反复修剪后，下方叶片容易脱落，影响外观，这时，通过沉木的摆放可以非常自然地进行遮挡。

可通过垫石头，或将沉木插入底床等方法调整沉木高度。

若想将沉木立起来，可在内侧放一个石头，将沉木靠在石头上。当然，放置石头的位置是无法种植水草的，因此，一定要提前规划好位置。

●将爪哇莫丝绑在沉木上

将爪哇莫丝附着在部分沉木上，可以突出素材的质感。相反，如果将沉木全部裹住，又会形成另一种不同的观感。可以根据自己理想中的水景风格进行选择。

爪哇莫丝可绑得略薄一些，不用将沉木完全遮住。如果绑得太厚，重叠的部分容易腐烂，脱落。

为了防止已绑好的爪哇莫丝在作业途中干燥，可在上面覆盖一块潮湿的厨房纸巾。

90cm 水草缸造景实例 2

材料/Material

使用的水草与用量

① 窄叶铁皇冠
② 矮珍珠
③ 日本绿千层
④ 越南箦藻
⑤ 黄松尾
⑥ 印度百叶草
⑦ 细叶水丁香
⑧ 大红叶
⑨ 柳叶皇冠草（最终并未使用）
⑩ 针叶皇冠草
⑪ 绿宫廷
⑫ 尖叶红蝴蝶
⑬ 印度红宫廷

● 种植水草

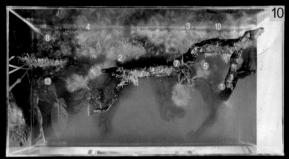

水草以后还可以重植，因此一定要先种在自己认为最漂亮的位置上。一开始最好多种一些，这样比较不容易长藻。

如果逐根种植，旁边的水草可能会在种植过程中漂浮起来，因此应几根放在一种。这样还可以缩短作业时间。

有茎草的长度可以等它长起来后通过修剪进行调节，因此，种的时候可以保持相同的高度（为了防止水草漂浮，一定要插得深一些）。

● 制作中前景的焦点造型

不要将鹿角苔铺满整片底床，可将它绑在小石头上，零零散散地放上去。

主要的前景草是矮珍珠。将矮珍珠与鹿角苔混栽在一起，注意保持平衡。

沉木较粗的位置，以及沉木与沉木之间，都不容易用线进行捆绑。可以在上面放几块绑好爪哇莫丝的小石头，它们会慢慢地附着在沉木上（石头以后可以取出来）。

种植完成

目前，有茎草还没有长高，所以不太容易想象出整体造型，不过，四处冒头的红色水草会将水景装点成何种景象令人十分期待。

50 天后

第 1 个月的维护要点及变化

　　刚开缸时，有茎草的高度还不到水缸的一半，不过现在已经快要接近水面（为了增加水草数量，在拍摄前曾修剪过 1 次）。

　　由于有茎草数量较多，虽然沉木上出现了少量的须状藻，但整体上问题不大（为了预防藻类，水草缸中投放了 5 条小精灵鱼和大约 20 只大和藻虾）。

　　每周换水 1 次，每次换 1/2。一开始，因为矮珍珠长势不太旺盛，所以 CO_2 添加得比较多，每秒 4 泡左右。

中景草

中景部分的日本绿千层长势旺盛，几乎要挡住后景草，因此先将它们暂时剪掉。

后景草

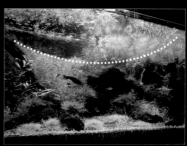

由水草缸中心向两端沿一条舒缓的坡线进行修剪，令有茎草的顶芽形成一道整齐的弧线。

鹿角苔

前景部分只有鹿角苔不停地冒出来，一块块的，显得很奇怪，因此剪掉一部分，做了调整。计划中，景观完成时，鹿角苔只需比矮珍珠略高一点点。

爪哇莫丝

爪哇莫丝看上去好像十分茂密，但修剪后发现，附着的效果并不如想象中好。这主要是因为考虑到拍摄要求，减少了修剪次数。如果能勤修剪，附着效果会更好。剪掉的碎片必须清理干净，否则它们会在意想不到的地方生长起来。

修剪后

后景草已形成优美的弧线，之后可根据每种水草不同的生长速度进行修剪（生长速度快的水草就要勤修剪），不断增加水草数量。

2 个月后

水草造景中自问自答的乐趣

讲述：山岸觉

　　要问我为什么会一头扎进水草造景的世界，就必须提到 ADA 世界水草造景大赛。虽然造景在很大程度上可以看做是一种个人爱好，不过，有很多人参与的话，你就能看到各种各样的作品，而且你也能有一个展示自己作品的舞台。我经常会望着一个作品想：我也想做这个！它们为我的水景制作提供了很棒的灵感。

　　这件作品是为了向初学者展示如何通过大量的有茎草制作出人见人爱的水景。但是，要问我自己是不是真的那么喜欢以有茎草为主的水景，答案是否定的（笑）。要制作参赛作品，就必须每次都制作不同的水景，因此我喜欢的水草类型总是在变化。不过，有一点一直没有改变，那就是我希望能在水景中尽量表现一些有意思的东西，哪怕只有一部分也好。

　　水草缸制作过程中，时间限制令我十分苦恼。因为有茎草的生长速度非常快，两三天就会感觉完全不同。另外，为了增加有茎草的数量，我使用了荧光灯。比起金卤灯，使用荧光灯，修剪后发出的新芽数量会

数据

水缸尺寸（长 × 宽 × 高）: 90cm×45cm×45cm
照明: 32W 荧光灯 ×3、150W 金卤灯，每日 9 小时照明
过滤: 伊罕经典过滤器 2215、2217，分别搭配伊罕滤材版过滤器 2213
底床: ADA 能源砂（POWER SAND M）、ADA 水草泥（AMAZONIA 粉末型）、ADA 百菌粉（BACTER 100）、ADA 高效清水粉（CLEAR SUPER）、ADA 电磁粉（TOURMALINE BC）、ADA 防底床硬化粉（penac W）、ADA 土壤改善粉（penac P）
CO_2: 每秒 5 泡
添加剂: 每日 8 泵 ADA 活性钾肥（BRIGHTY K），添加适量 ADA 水草液肥（GREEN BRIGHTY STEP2、Green Brighty Special Lights）
换水: 根据实际情况
水质: pH6.8
水温: 24℃
生物: 黑白企鹅鱼、红衣梦幻旗鱼、红蜜蜂虾

更多，所以我觉得荧光灯的光线非常重要。

鹿角苔的数量与呈现方法也令我大费周章。一开始我放进几个绑着鹿角苔的小石头，后来又取出来一些。我希望前景部分的鹿角苔不要太突出，最好能和矮珍珠恰到好处地融合在一起。我自己觉得这一点还算是做到了，您认为呢？

我觉得水景没有 100% 完美的状态，也不存在什么正确答案。即便是拍摄参赛作品的影像，当时可能会觉得特别棒，但过一周再看，又会觉得：这种水草种在别处会不会更好一些？这种情况十分常见。不过，就是这样在自问自答的过程中制作水景，才是最开心的。

水草种植平面图

① 印度红宫廷
② 大红叶
③ 越南簧藻
④ 印度百叶草
⑤ 窄叶铁皇冠
⑥ 尖叶红蝴蝶
⑦ 黄松尾
⑧ 绿宫廷
⑨ 日本绿千层
⑩ 细叶水丁香
⑪ 矮珍珠、鹿角苔、针叶皇冠草
※ 沉木上附着爪哇莫丝

90cm 水草缸案例集

景观制作：志藤范行（An aquaium）
摄影：石渡俊晴

三角形构图（A triangle）

把你感兴趣的点连接起来

　　这件作品的构图令人感到有一丝不可思议，但是，又感觉有什么地方被它吸引。后景中鲜红色的豹纹红蝴蝶与底床上一片绿色的矮珍珠之间摆放的黑色沉木似乎在二者之间连起一条线，而沉木突出的尖端把这几个点连接起来。没错！这就是三角形构图。

　　无论制作什么样的水草缸，最重要的是要设计好基础构图。可以说，这件作品再次向我们强调了这个道理。

数据

水缸尺寸（长 × 宽 × 高）： 90cm×45cm×50cm	**换水：** 每 2 周 1 次，每次 1/2
照明： 32W 荧光灯 ×6，每日 10 小时照明	**水质：** pH6.5
过滤： ADA 强力金属过滤桶 ES-1200	**水温：** 25℃
底床： ADA 水草泥（AMAZONIA）、ADA 能源砂（POWER SAND SPECIAL M）	**生物：** 宝莲灯鱼、一眉道人鱼、黑线飞狐鱼、小精灵鱼、大和藻虾
CO₂： 每秒 3 ~ 4 泡	**水草：** 黄松尾、百叶草、豹纹红蝴蝶、塔巴赫斯小可爱红睡莲、矮珍珠、牛毛毡、巴西虎耳
添加剂： 每周添加 1 次 Tropica 水草液肥（Mastergrow），每次 5mL。	

90cm 水草缸造景实例 3

带涌水的水草缸

构成水草造景的基础材料包括水草、沉木、石头、底床材料等，下面我们再加入一个水泵和一点点游戏精神，一起来制作一个带有"涌水设备"的水草缸。

摄影：T.Ishiwata

景观制作：藤森祐
（PAUPAU AQUA GARDEN 银座店）
比起实际的景观制作，更喜欢去想象能够制作出什么样的作品。在家中一直在尝试养殖各种珍稀水草。

制作步骤 / How to Make

●铺设底床

1

使用 90cm×45cm×50cm 规格的水缸。较高的水缸展示涌水的效果会更好。

2

种植水草的空间与铺设化妆砂的部分（水将从这里涌出）用熔岩石进行区隔。石头下铺垫的岩棉可以防止水草泥渗出。

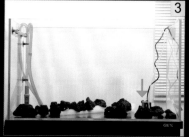

3

水缸右侧也摆放一些熔岩石，将制造涌水效果的水泵放在箭头位置。前面尽量摆放大石头，这样可以制造出纵深感。通过折叠岩棉可以调整石头高度。

4

在熔岩石的后侧，也就是种植水草的区域铺设粉末状水草泥。所需水草泥的总量大约为 10L。

5

将水草所需的底床肥料洒在水草泥上，然后盖上一层水草泥。注意不要将水泵埋进水草泥中，否则容易引发故障。

制造涌水的装备。在与水泵相连的水管前端铺设化妆砂，水将从这里流出。然后，将气泵安装到水泵扩散器上，用来表现气泡。

6
气管
水泵
水管

90cm 水草缸造景实例3

材料/Material

使用的水草与用量

①绿宫廷 40 根
②欧洲球藻 3 个
③大叶珍珠草 6 杯
④矮珍珠 3 杯
⑤簧藻 30 株
此外，还使用了十几根三裂天胡荽。

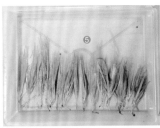

●将欧洲球藻绑在沉木上

铺设化妆砂，摆放枝状沉木，构图完成。水缸后方左右两侧与沉木前方为种植水草的区域（图片中尚未铺设水草泥）。涌水部分位于右侧铺好化妆砂的位置。

使用欧洲球藻进行新尝试。首先，揉搓球状欧洲球藻。

将欧洲球藻抻平，放在枝状橡木上，用直径较小的橡皮筋绑好。

●种植水草

欧洲球藻的姿态与爪哇莫丝完全不同，十分引人注目。不过，这种状态能否顺利保持下去还是一个问号，今后仍需仔细观察。

在后景部分种植有茎草。左侧种大叶珍珠草，右侧种绿宫廷，两边加以变化。

水草种好后，在化妆砂上再添加一些碎石。这些碎石与明亮的棕色砂搭配起来非常和谐，呈现出河底的自然氛围。

种植完成

绑在沉木上的欧洲球藻、铺在底床上的碎石，再加上涌水，这些略显奇特的景观十分醒目。整体看上去，个性十足。

2 个月后

第 1 个月的维护要点及变化

始终坚持每天 8 小时照明，每秒添加 3 泡 CO_2，每周换 1 次水，每次换 1/2，并定期进行维护，但水草的长势却一直不太理想。

尤其令人感到不可思议的是，明明大叶珍珠草长得十分顺利，但绿宫廷与矮珍珠却完全不见起色。

由于初期出现了一些丝藻，所以又投放了黑玛丽鱼、樱花虾、小精灵鱼和淡红墨头鱼。

绿宫廷

绿宫廷虽然一直在生长，但整体十分细弱，一点也不茂盛。

如果直接拔掉，会把水弄浑，所以用剪刀从根部剪断，将剪下来的部分长度调整为 15cm 左右后进行重植。

补种水草

在种植绿宫廷的位置补种了一些大莎草。

大叶珍珠草

与绿宫廷相比，大叶珍珠草的长势还算旺盛，因此修剪时大约剪到水缸的一半高度。

为了进一步增加水草数量，将剪下来的部分调整好长度后，重新插在前面。

追加肥料

为了促进水草生长，在水草泥中埋设底床肥料。

修剪后

由于欧洲球藻既没有枯萎，也没有生长，几乎没有任何变化，因此就把形状不太好看的部分修剪了一下。下面只剩下祈祷有茎草茁壮成长了。

3 个月后

水草能否给出"回应"？

文：藤森祐

　　我入职约 1 年后开始进行水草造景。可以说是迫于工作所需才不得不开始的。虽然之前我一直在饲养热带鱼，但对水草却毫无兴趣，连水草名字都全然不知，完全是一个外行。我基本上凭借自学开始制作水景，而我的作品几乎全部用于店面展示，一直持续至今。

　　这次企划说是让我自由创作，于是我就想在构图上下点功夫。我的整体设想及目标是打造一个自然风格的水景，使用标准的凹型构图，然后在里面添加一些我个人的小创意。

　　首先，用化妆砂在水缸中央制造出一条河。然后，用欧洲球藻在河岸边的树（沉木）上制作出茂密的"叶片"。通常附着在沉木上的都是爪哇莫丝，不过我觉得那样不太有意思。所谓的造景，就是要制造出"人工自然"，因此我想尝试一下完全不同的做法，于是就带有试验性质地做了一些改变。另外，

数据

水缸尺寸（长×宽×高）: 90cm×40cm×50cm
照明: 39W 荧光灯 ×3,每日 8 小时照明
过滤器: 伊罕专业过滤器 3e2076
底床: 店铺自制粉末状水草泥、棕色水草砂
(AQUA SAND BROWN)、天然川砂
CO_2: 每秒 2 泡
添加剂: 将固体水草肥料、追肥用水草专用固体营
养剂作为底床肥料。每周适量添加 1 次促水草生长
微量元素(FLORA CELL)、水草生长促进剂
(FERRO CELL)。
换水: 每 2 周 1 次,每次 1/2
水质: 未测量
水温: 26°
生物: 一眉道人鱼、锯齿新米虾、小精灵鱼

水草种植平面图

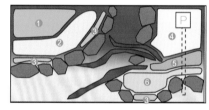

① 大叶珍珠草
② 簧藻
③ 矮珍珠
④ 大莎草
⑤ 绿宫廷
⑥ 三裂天胡荽
※ P 代表涌水装置中的水泵（虚线部分是水管）

在树根处做了一个涌水装置当作焦点造型。

　　在景观维护方面,我遇到了巨大挑战。由于绿宫廷和矮珍珠的长势不好,再加上养水的过程缓慢,所以水草缸中出现了各种各样的藻类,从绿色的到棕色的,真是苦不堪言。在成品拍摄前 1 个半月左右,由于店里的一些情况,不得不移动水草缸的位置,于是我只好又重新布置一遍。

　　本来夏季水草就容易生长不良,所以我只进行了很少几次修剪。幸好水草缸换完位置后,原本一直长势不佳的绿宫廷一下子恢复活力了,大莎草也长势旺盛,景观越来越接近我的设想。虽然簧藻与最重要的欧洲球藻一直都没有什么变化,多少令人有些遗憾,不过,水草就是这样,在不同环境下,一定会有些长得好,有些长得不好,这种差别无法避免。我又开了另外一个缸,同样将欧洲球藻绑在了沉木上,结果这里的欧洲球藻看上去绿色更浓,长得也更好。因此,感兴趣的朋友一定要自己亲自尝试一下。

　　无论制作多少水景,水草往往不会像你所期待的那样给出回应。不过,这正是造景的魅力所在。这件作品再次令我深刻地感受到这一点。

90cm 水草缸案例集

Winding road ▶

绵延无尽的道路

近年来，通过铺设化妆砂等方法在水景中表现"小路"的作品越来越多。这件作品的主题也是一条小路，道路两侧是茂密的水草丛。不过，为了让"小路"的形象更逼真，造景师下了一番苦功。

首先，为了让视野更开阔，水缸上没有贴背膜。其次，前方使用色彩浓郁的小榕，后方则种植色彩明亮的珍珠草，从而通过水草的颜色来强调空间的远近感。同时，在路上放置一些石头与沉木，制作出蜿蜒的曲线。

造景时制作一条小路，画面就不会仅仅停留在水中，还可以充分去想象"外面的世界"。请您一定要尝试一下这个效果。

数据

水缸尺寸（长 × 宽 × 高）: 90cm×45cm×45cm
照明: 150W 金卤灯 ×2，每日 8 小时照明
过滤: 伊罕经典过滤器 2217
底床: ADA 水草泥（AMAZONIA）、ADA 能源砂（POWER SAND M）、ADA 化妆砂（SARAWAK SAND）
CO₂: 螺旋计泡器，每秒 2 泡
添加剂: ADA 水草液肥（GREEN BRIGHTY STEP3）、ADA 水草活力剂（GREEN GAIN）、ADA ECA 有效性复合酸
换水: 每周 1 次，每次 1/2
水质: pH6.8 ~ 7.0
水温: 26℃
水草: 小榕、纯绿温蒂椒草、窄叶铁皇冠、爪哇莫丝、绿宫廷、红蝴蝶、绿蝴蝶、亚拉圭亚小百叶、大三角叶、牛顿草、青叶草、大红叶、珍珠草、山崎桂

景观制作：中村晃司　摄影：石渡俊晴

景观制作：半田浩规（H2 公司）　摄影：石渡俊晴

◀ **Night grassland**

夜晚草原上飞舞的萤火虫

这件作品中，水缸中央摆放着一块月牙形状的主石，效果十分惊艳。底床的左后方被垫高了一些，角度倾斜，令水景充满动感。身形纤细的毕加索灯鱼成群结队地穿行其中，看上去十分惬意。

此外，据造景师介绍，使用黑色的背膜是为了表现夜晚的景象。毕加索灯鱼的色彩看上去似乎体内会发光，它们在水中游来游去，宛如夜空中飞舞的萤火虫。

数据

水缸尺寸（长 × 宽 × 高）: 90cm×45cm×45cm	**换水:** 每周 1 次，每次 1/2
照明: 32W 荧光灯 ×6，每日 8 小时照明	**水质:** pH7.8
过滤: 伊罕经典过滤器 2213、2217	**水温:** 25℃
底床: ADA 水草泥（AMAZONIA）、ADA 能源砂（POWER SAND）	**生物:** 毕卡索灯鱼、小精灵鱼、黑线飞狐鱼、大和藻虾
CO₂: 每秒 2 泡	**水草:** 牛毛毡、南美草皮、针叶皇冠草
添加剂: 每日 3 泵 ADA 活性钾肥（BRIGHTY K）	

大型
水草缸造景实例

　　随着水草造景的经验越来越丰富，总有一天想要挑战一下大型
水草缸。

　　无论是更灵动地摆放沉木与石头，还是细密地种植有茎草，大
型水草缸能够满足你的各种设想。

使用各种睡莲制作的水草缸

睡莲科的各种睡莲类水草,叶片形状可爱,种类丰富,人气极高。在造景中,多被用于独立造型,不过,密植在一起,也会形成一种极富个性的水景。

摄影:T.Ishiwata

景观制作:志藤范行(An aquaium)
经常在杂志上发表关于如何养殖绿宝石短鲷或培植水草的文章。曾亲自探访过亚马孙的风景,并努力将此经历活用于造景创作。

制作步骤 / How to Make

●铺设底床

使用120cm×45cm×45cm规格的水缸。在广阔的空间里,设计两片种植水草的区域,制作一件极具个性的造景作品。

在左侧角落划定一片种植区域。铺好底床肥料后,盖上一层纱网,防止肥料上浮,再用一块石头压住纱网。

在纱网上铺设水草泥。如果有用过的旧水草泥,可以混在一起使用,菌群效果更好,可以加快养水速度。

与左侧种植区域步骤相同,在中央位置也设定一片种植区域。目前所用石头的色泽不一,不过无需太过介意,等青苔长出后,区别就不会太明显。

铺设水草泥,摆放沉木。如果石头之间有缝隙,会有肥料渗出,因此,一定要用水草泥覆盖结实。

铺设化妆砂,造景骨架完成。为了模仿自然的水下风景,沉木的枝条特意向下摆放。

大型水草缸造景实例 1

材料/Material

使用的水草与用量

① 矮珍珠 1 杯
② 牛毛毡 2 杯
③ 兔耳睡莲 1 株
④ 圣塔伦小可爱睡莲 1 株
⑤ 青虎斑睡莲 15 株

造景中所用沉木。如果在水缸内设计沉木组合，容易破坏水草泥，把水弄浑，因此，最好提前在水缸外确定好沉木造型。

●种植水草

为了方便作业，将水缸里的水添加至 1/3 左右时，先开始种植前景草。

将矮珍珠深深地插进底床中，大约插进两节。只要新芽能露在外面即可。

将牛毛毡高度的 1/3 左右插进底床。目前可能感觉草量略少，不过只要所有位置都种到了，迟早它能爬满整片底床。

再加一些水，准备开始种植睡莲（加水可以更容易观察水草的高度）。

种植睡莲这种球根水草时，使用宽度较大的镊子更便于操作。另外，为了防止水草上浮，应预先将大叶剪掉。

在水草缸左侧种植兔耳睡莲。计划中，它们的叶片会朝着对岸的小岛方向展开。

1 个月后

种植完成

青虎斑睡莲的叶片十分气派，因此水景看上去很美，但其实更美的时候还在后面。由于种植了各种睡莲，浮叶展开后的景象令人十分期待。

第1个月的维护要点及变化

开缸之后至第 2 次拍摄之前的 1 个月里，水缸中一直没有安装过滤器，也没有添加 CO_2，仅靠 2 ~ 3 天换 1 次水来进行维护。不过这样做是有原因的。近年来，群落生境造景十分盛行，在无过滤器、无 CO_2 添加的室外环境里，睡莲生长得十分优美，我很想尝试

青虎斑睡莲长势旺盛，叶片展开，还伸出不少浮叶。即使以这幅景象完工也算不错。

着在水草缸中再现这一场景。

当然，作为水景来讲，一个月后的这种状态还是可以接受的。不过，对于大多水族专业人士来说，这种环境还是有些不太寻常。于是，我转变了想法，对水景进行了改造，安装了过滤器，开始添加 CO_2，并将照明灯由荧光灯换成金卤灯。

修剪 / Trimming

各种睡莲

为了进一步提升造景的完成度，剪掉了青虎斑睡莲 90% 左右的叶片，只保留了新叶。

前景草

通常，如果矮珍珠等前景草长到设定好的区域之外，会在修剪时把翘起的部分剪掉。不过，这一次为了欣赏它们的长势，特意保留了下来。

更换照明灯

原本使用了 8 个 20W 的荧光灯管（如图），为了加快水草的生长速度，更换为金卤灯。

投放小鱼

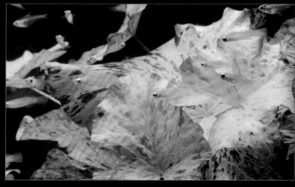

青虎斑睡莲是水缸中最主要的水草，因此选择了与它产地相同的蓝眼灯鱼。

修剪后

修整后，景观清爽了很多，接下来，将会在最佳环境中养殖水草，不知它们最终能达到什么效果。

约 50 日后

我想展现出水草的气势

文：志藤范行

　　我接到的任务是"制作一个有你自己风格的水草缸"。什么是我自己的风格呢？我一边问自己一边思考，最后明确了一点，那就是要为各位读者呈现一些新创意。

　　于是，我设定的造景主题是要展示青虎斑睡莲（德国巴尔特水草养殖场出品）的魅力与奇特的构图。我准备以这两点为轴心，将我以前在圣塔伦河岸边见到的睡莲风景搬到120cm的水草缸中，同时我还决定要使用白砂。不过，与一般的所谓"化妆砂"用法不同，我想制作出一条蜿蜒的小路，通向远方。正因为水景是人工制造的，所以才要把它弄得不那么自然！或许很多人都不太容易理解这一点，但这就是我经过长时间的思考后想出的主题。也就是说，我要避免以往常做的那种以有茎草为主的造景。

　　话虽如此，这件作品成功与否完全取决于青虎斑睡莲的长势是否良好，造型是否动人，因此，一切都要看最后拍摄那天它们能否有最佳表现。

　　实际上，刚开缸时，我的计划是在无过滤器、无CO_2添加的情况下进行景观维护。因此，很快就投放了一些蓝眼灯鱼，然后勤换水，一直坚持到1个月后的第2次拍摄。

　　后来，更换设备后的结果如上图所示。由于初期铺设的能源砂里已经施好肥料，因此除了中和剂以

及换水时添加的 pH/KH 调节剂以外，没有使用任何液肥。主要还应归功于使用了能源砂。

水草缸左前方本来还种了一些兔耳睡莲，但照明灯换成金卤灯后，牛毛毡的长势一下子旺盛起来，最后兔耳睡莲全都消失了。从位置上来看，它们距离光源比较远，原本我以为不会有太大影响，看来还是有些天真了。

我知道，这次的作品有些脱离了传统水草造景的概念，不过，在制作过程中，我希望能够充分展现出"水草的气势"。即便最后没有刊载完成状态的图片，相信大家也能看出，这件作品极具故事性，充满现场感。

水草种植平面图

圣塔伦小可爱睡莲、牛毛毡、矮珍珠

青虎斑睡莲、圣塔伦小可爱睡莲、牛毛毡、矮珍珠、爪哇莫丝

数据

水缸尺寸（长 × 宽 × 高）: 120cm × 45cm × 50cm
照明: 250W 金卤灯
过滤: 伊牟专业过滤器 II 2026
底床: ADA 水草泥（AMAZONIA II）、ADA 淡彩砂（BRIGHT SAND）、ADA 能源砂（POWER SAND）
CO₂: 螺旋计泡器，每秒 3 泡
添加剂: 无
换水: 每周 2 次
水质: pH6.6
水温: 25℃
生物: 蓝眼灯鱼、秘鲁水晶灯鱼、小精灵鱼、黑线飞狐鱼

120cm 水草缸案例集

景观制作：千田义洋（AQUA FOREST）
摄影：石渡俊晴

大缸配大鱼（Big tank with Big fish）

数据

水缸尺寸（长 × 宽 × 高）： 120cm×45cm×60cm
照明： 150W 金卤灯 ×2、36W 荧光灯 ×4，每日 9 小时照明
过滤： 伊罕经典过滤器 2217×3
底床： ADA 水草泥（AMAZONIA Ⅱ）、ADA 能源砂（POWER SAND）、ADA 淡彩砂（BRIGHT SAND）
CO_2： 每秒 1 泡（使用 CO_2 扩散器）
添加剂： 无
换水： 每周 1 次，每次 1/3
水质： 未测量
水温： 26℃
生物： 澳洲彩虹鱼、珍珠马甲鱼、三间鼠鱼、黑线飞狐鱼、托氏变色丽鱼
水草： 大浪草、珍珠草、铁皇冠（普通、迷你）、黑木蕨、爪哇莫丝、迷你矮珍珠、绿波浪椒草、迷你牛毛毡、大莎草、印度小圆叶

大型水缸才要养比较大型的鱼

这件造景作品充分利用了大型水缸独有的高度，珍珠草等水草长势旺盛，形成了凹形构图。不过，虽说是凹形构图，但中央部分的沉木仿佛架起一座桥梁，从而形成一段隧道般的空间，十分有意思。

澳洲彩虹鱼与珍珠马甲鱼都是体型较大的观赏鱼（尤其是珍珠马甲鱼），不过，在这种尺寸的水缸中，完全不用担心体型问题。另外，这两种鱼的色彩虽然都不太鲜艳，不会显得过于突出，但也不会特别黯淡，非常适合长期观赏，不会令人感到厌倦。

以有茎草为中心的大型水草缸

一提到大型水草缸，就希望能大胆地使用沉木与石头，制作出充满力量的水景。然后，再种上大量的有茎草，又可以追求一种细腻之美。

摄影：T.Ishiwata

景观制作：志藤范行（An aquarium）
造景师简介参见 97 页。

● 摆放石头

使用 180cm×60cm×60cm 规格的水缸。正因为尺寸够大，所以可以一边在脑海中设计步骤，一边高效地推进作业。

首先摆放两块大石头（主石），作为造景的中心。石头的不同方向有着不同的"表情"，因此一定要将给人印象最深的部分朝向正面。

在主石四周堆放一些石头，将主石垫高。

制作步骤 /
How to Make

石头摆放完成。种上水草后，石头的某些部分会被水草挡住，因此有意识地将石头造型做得比较"夸张"。

在石头缝隙间塞进一些小石头，增强稳定性。

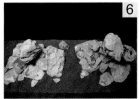

石头不需要全部立起来，有些平放的石头展现出的效果也很好。

观察石头的侧影，呈直角的部分看上去与有茎草比较柔和的感觉不太相称，因此又加了一些小石头，令直角消失。

大型水草缸造景实例 2

使用的水草与用量

① 红头趴趴熊
② 福建宫廷草
③ 昆嵩宫廷草
④ 芒杨宫廷草
⑤ 红宫廷
⑥ 柬埔寨宫廷草
⑦ 柬埔寨红松尾
⑧ 越南紫宫廷
⑨ 绿宫廷
⑩ 印度红宫廷
⑪ 越南趴地三角叶
⑫ 迷你牛毛毡（使用10杯）

使用万天石，万天石的特点是石头表面凹凸不平。用量为右图中石头的6~7成。

材料 / Material

● 种植水草

种植水草之前，追加一些水草泥，提高石组的稳定性（后景部分会种植有茎草，因此无需垫高底床）。之后，在前景石头的缝隙间也填入一些水草泥，为种植水草做准备。

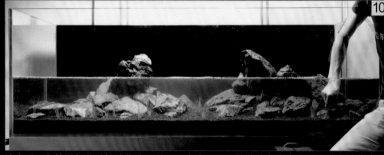

注水后，在前景部分种植迷你牛毛毡。一上来，零零散散地在底床表面全种上迷你牛毛毡，之后一点点将缝隙填满，这样一来，即使草量不足，也可以长得很漂亮。

有茎草一定要深植，先保证生根。同时，将水草倾斜插进底床，可以让每一节都长出根来，不容易脱落。

在主石后方种植一些红色的水草，令这个位置更为醒目。

在牛毛毡之间，以及石头的缝隙等处种植一些红色的红头趴趴熊，作为焦点造型。

种植完成

现在被石头挡住可能看不太清楚，其实后景部分种植了各种各样的宫廷草，希望能通过叶色变化制作出渐变效果。此外，后景两端种植了越南趴地三角叶，令风格保持统一。

1个月后

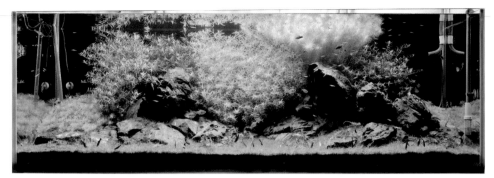

后景草几乎已接近水面，形成十分华丽的水景。不过，石组给人的印象还不太深，应通过修剪进一步提升美感。

修剪 / Trimming

按水草种类进行修剪

不同种类的水草生长速度不同，因此，应按区域分别进行修剪。修剪时，可将剪刀压在水草上，让每种水草区分得更清楚，更方便操作。

考虑水草的耐修剪性

有些水草不怕修剪，即使从根部全部剪掉也可以长出新芽。而有些水草，如柬埔寨红松尾等，就不宜过度修剪，最好保留一定的高度比较保险。

第1个月的维护要点及变化

开缸后1周左右，缸壁、石头和水草上出现了很多硅藻和绿藻，因此在接下来的1周里一直坚持每天100%换水，改善了爆藻情况。之后，又投放了15条黑线飞狐鱼、100条小精灵鱼和15条黑玛丽鱼帮助除藻。

长藻问题解决后，换水频率变为每周2次，每次70%左右。同时，换水时添加 FLORA CELL 和 FERRO CELL 各45mL 作为液肥，添加50mL的 Tetra pH/KH 调节剂促进水草生长，同时添加一些液体过滤剂，防止长藻。

每天保持11小时照明，CO_2 添加量为每秒5泡左右。

绿宫廷

提高有茎草的密度，可令水景显得更美，因此，先将后景部分种植的宫廷草全部剪掉。下面以中央部分的绿宫廷为例介绍修剪方法。首先，整体进行大幅修剪。

在两块主石之间留出一定空间，可令水景更为清爽。将水草长度剪掉一半以上，修剪整齐。

单纯将水草剪平，水景会比较乏味，可令中央部分凹陷下去，增加一些变化。

修剪后

修剪后景部分的宫廷草时，可以比照旁边水草的高度，不过红色叶片的水草生长速度都比较缓慢，最好保留一定的高度。此外，每种水草的分界线位置都应剪圆一些，随着水草的生长，看上去会更和谐。

1个月后 ➡

在造景过程中学习水草修剪技巧

文：志藤范行

　　利用石组与有茎草在 180cm×60cm×60cm 的水缸中制作出明亮的水景，这是笔者在银座店制作完成的最后一件造景作品。

　　这次的主题是要表现"柔软与坚硬的调和"，因此，我决定以石组为基础，然后在背景部分种植大量的宫廷草。一整片背景很容易显得单调枯燥，种植细密的有茎草后，如何通过修剪令 180cm 的大型水草缸显得更为开阔，这才是考验真本领的地方。

　　首先，造景的骨架是石组，我在搭建石组时造型稍稍有些突出。因为背景部分会装饰很多有茎草，而这些水草长起来后，多多少少会削弱石组的力度。

　　其次，我投入精力比较多的是如何修剪，以及如何通过修剪来掌控造景整体的状态。第一次修剪时，一定要确认好不同有茎草生长速度的差异。因为书上介绍的水草叶片状态、生长速度等与水缸中的实际情况往往有所不同，必须通过修剪来了解这种差异，不断在脑海中进行修正，并将其应用于以后的修剪。这样，就能逐步按照自己的意志控制水草生长。

　　为此，必须认真观察水草缸内的状态。管理方法的不同会令水草生长状态发生微妙的变化。例如，有些你觉得有益的添加物反而会起到负作用，或者贝类的出现导致碳酸盐硬度上升，从而减缓了水草的

生长速度与叶片长势等。当你发现这些变化时，一定要及时处理，这些最终都会变成自己的宝贵经验。有茎草修剪时的角度、深度、频率等问题，与其跟人请教，不如直接在亲身造景过程中学习更有说服力，对今后的修剪工作也更有指导价值。

水草种植平面图

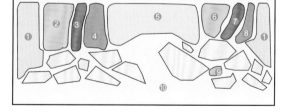

① 越南趴地三角叶
② 福建宫廷草
③ 芒杨宫廷草
④ 昆嵩宫廷草
⑤ 绿宫廷
⑥ 柬埔寨红松尾
⑦ 印度红宫廷
⑧ 柬埔寨宫廷草
⑨ 红头趴趴熊
⑩ 迷你牛毛毡

数据

水缸尺寸（长×宽×高）： 180cm×60cm×60cm
照明： 150W 金卤灯 ×4，每日 10 小时照明
过滤： ADA 强力金属过滤桶 ES-1200、伊罕经典过滤器 2260
底床： ADA 水草泥（AMAZONIA）、ADA 能源砂（POWER SAND L、SPECIAL M）
CO$_2$： 螺旋计泡器，每秒 5 泡
添加剂： 促水草生长微量元素（FLORA CELL）、水草生长促进剂（FERRO CELL），

每次换水时各添加 20mL；Tetra pH/KH 调节剂（Tetra pH/KH Negative）50mL；Water Engineering 液体过滤剂（Reverse Liquid Fresh）
换水： 每周 1 次，每次 2/3
水质： pH6.5
水温： 26℃
生物： 蓝眼灯鱼、血心灯鱼、小精灵鱼、黑线飞狐鱼、大和藻虾

Flooded forest ▶

宝莲灯鱼穿梭其中的水中森林

　　水缸高度为 60cm，水景中，一棵比水缸还高的巨大沉木直插缸底。这棵沉木象征着森林，树上附着生长的窄叶铁皇冠和黑木蕨叶片繁茂，叶片间透出的光可令下面的各种底草继续生长，这就是这件作品的构图。

　　窄叶铁皇冠和黑木蕨若放置不管，体积会过于庞大，影响画面的平衡。因此，应定期修剪叶片，控制体积增长，维持水草整体平衡。宝莲灯鱼在沉木与叶片缝隙之间穿梭游动，画面十分清爽。

数据

水缸尺寸（长×宽×高）：120cm×45cm×60cm
照明：150W 金卤灯、36W 荧光灯×2，每日 10 小时照明（其中金卤灯为 8 小时照明）
过滤：ADA 强力金属过滤桶 ES-600EX、ES-1200EX
底床：ADA 水草泥（AMAZONIA）、ADA 能源砂（POWER SAND）
CO₂：每秒 3 泡
添加剂：每日 15 泵 ADA 活性钾肥（BRIGHTY K）、

ADA 水草液肥（GREEN BRIGHTY STEP2）
换水：每周 1 次，每次 1/2
水质：未测量
水温：26℃
生物：宝莲灯鱼、荷兰凤凰鱼、一眉道人鱼
水草：窄叶铁皇冠、黑木蕨、绿壁虎椒草、迷你皇冠草、针叶皇冠草、矮珍珠、咖啡榕、山崎桂、新加坡莫丝

景观制作：志藤范行（An aquaium）　摄影：石渡俊晴

景观制作：AQUARIUM SHOP GINSUI
摄影：石渡俊晴

Simple but profound

◀ 构图简单而意境深远！

这件作品只用了矮珍珠和爪哇莫丝两种水草，看上去似乎很简单，可实际的制作过程却远比想象中更复杂。

首先，由于所用水草非常矮，因此构图完全取决于水草泥（底床）的厚度。这就要求必须得垫土。可是垫土很容易塌掉，想要垫到图片中那种高度非常困难。于是，只有等矮珍珠扎好根后，在上面再铺一层水草泥，一遍一遍，不断反复。

最终，所有努力都得到了回报，水景看上去要比水缸的实际尺寸开阔很多。只用矮珍珠和爪哇莫丝就能表现出如此景象，实在令人钦佩不已。

数据

水缸尺寸（长 × 宽 × 高）： 120cm×45cm×45cm	**换水：** 每周 2 次，每次 2/3
照明： 150W 金卤灯 ×2	**水质：** pH6.1
过滤： 伊罕专业过滤器 3e2076	**水温：** 26℃
底床： ADA 水草泥（AMAZONIA）、ADA 能源砂（POWER SAND M）	**生物：** 电光美人鱼
CO₂： 每秒 3 泡	**水草：** 矮珍珠、爪哇莫丝

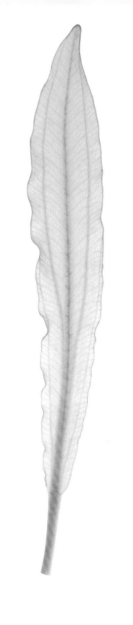

水草造景
素材图鉴

水草、鱼、石
头以及沉木

看过前面的造景实例后，

您的脑海中是否已经开始浮现

出自己想要尝试的造景图案了？下面，将具体介绍一

些水草、观赏鱼、石头以及沉木的特性，帮助您利用

这些材料让脑海中的图案变得更为鲜明。

水草图鉴
前景草
中后景草·有茎草
中后景草·放射状水草
附着性水草

观赏鱼图鉴
脂鲤科观赏鱼、鲤科观赏鱼、
花鳉科观赏鱼、丽鱼科观赏鱼、
丝足鲈科观赏鱼、其他观赏鱼

石头与
沉木图鉴

造景水草图鉴

本书介绍了若干水草缸的制作过程，其中有些水草的使用频率很高，将水景点缀得极具特色。下面，将以这些水草为中心讲解养殖水草的要点。

水草解说：志藤范行
整理：水族生活编辑部
摄影：石渡俊晴、桥本直之

鹿角苔
Riccia fluitans
使用水缸：P31、77、83
原本是一种漂浮性水生植物，应用线绑在石头上沉在水底养殖。光合作用时会形成气泡，十分优美。不过，若想欣赏这种景象，必须保证充足的光照与CO_2。鹿角苔无法附着生长，因此一定要绑在石头上。

前景草

矮珍珠
Glossostigma elatinoides
使用的水草缸：P19、P37、P57、P69、P83、P89、P97
匙状叶片匍匐生长，直至完全覆盖住底床，仿佛一片绿色的绒毯。在底床上铺好水草泥就能轻松养殖，造型优美。

迷你矮珍珠
Hemianthus callitrichoides
使用的水草缸：P25
超小型水草，叶片只有几毫米长，形状十分可爱。适合在使用了石头的、硬度较高的水质中养殖。容易被鱼虾撞倒，造成脱落，应谨慎处理。

牛毛毡
Eleocharis acicularis var. longiseta
使用的水草缸：P19、P49、P97
叶片纤细，丛生状态下可在水中形成一片清爽的草原，因此，在水草造景中使用频率很高。底床使用水草泥时，生长速度会非常快。

针叶皇冠草（匍茎慈姑）
Echinodorus tenellus (Helanthium tenellum)
使用的水草缸：P19、P37、P69、P83
皇冠草中体型最小的种类。通过走茎繁殖，走茎匍匐生长，前端形成子株。

微果草（小果草）
Microcarpaea minima
使用的水草缸：P63
植株纤细的有茎草。日文名称叫作"雀繁缕"。匍匐生长、繁殖，栽培的关键是要让它生根。

越南三角叶
Scrophulariaceae sp. 'Vietnam'
使用的水草缸：P19、P57、P103
新品水草，由于使用方便，人气飙升。耐修剪，可通过反复修剪呈现出丛生之美。爬地生长。

红头趴趴熊
Rotala mexicana 'Goias'
使用的水草缸：P103
节节菜属水草，叶片由橘色至红色不等，叶色十分优美。匍匐生长，种在其他前景草之间会形成非常好的点缀。生根前应小心养护。

簧藻
Blyxa novoguineensis
使用的水草缸：P43、P49、P89
叶片呈放射状，姿态十分优美。看上去很像放射状水草，但其实属于有茎草。种在沉木或石头旁边，可营造出十分自然的氛围。

南美叉柱花
Staurogyne repens
使用的水草缸：P49
匍匐生长。能适应多种水质，比较耐修剪。如果不加处理，叶片会向上生长，因此，分量感十足。

迷你牛毛毡
Eleocharis acicularis var. *acicularis*
使用的水草缸：P25、P69
草高不高于6cm，而且叶片向外侧卷曲，看上去会显得更小。如果使用金卤灯照明，同时控制水质并维持较低的pH值，可以加快生长速度。也被称作"矮牛毛毡"。

宽叶迷你泽泻兰（派斯小水兰）
Sagittaria subulata 'Pusilla'
叶片比针叶皇冠草略宽。通过走茎繁殖，不过新芽的伸展方向略有些不规则，非常适合营造自然的氛围。养殖时，添加底床肥料效果会更好。

露茜椒草（长椒草）
Cryptocoryne lucens
小型椒草，叶长5cm左右。非常容易养殖，不过由于生长速度缓慢，一开始就应大量种植。

印度田字草
Marsilea sp. (from India)
外形很像四叶草，极具个性。新长出的叶片高度变化不规则，而且，往往会从意想不到的位置上冒出来，因此很适合用于烘托水景的自然感。

趴地矮珍珠
Micranthemum tweediei 'Monte carlo'
看上去与大叶珍珠草十分相似，不过具有爬地生长的特点。喜弱酸性水质，光线越强，越容易呈绒毯状生长。

喷泉太阳
Pogostemon helferi
叶片呈锯齿状，波浪状起伏，极具个性。种在矮珍珠中间或石头边缘会格外显眼。不喜pH值过低的环境，添加底床肥料效果会更好。

绿宫廷
Rotala rotundifolia (Green form)
使用的水草缸: P19、P31、P57、P69、
P83、P89、P103
近年来,在水草造景中使用频率相当高的
一款水草,最大的魅力在于可通过修剪制
造出茂盛的草丛。十分优美。强光下可匍
匐生长。

黄松尾
Rotala sp.'Nanjenshan'
使用的水草缸: P25、P31、P77
外形酷似被染绿的红松尾。叶色由黄至绿
不等,叶片纤细密集,希望用有茎草填满
后景时不妨使用本种。养护要诀是趁水草
状态好时及时修剪。

绿蝴蝶
Rotala macrandra (Green form)
使用的水草缸: P69、P77
绿蝴蝶的特点是淡绿色的叶片中略带一丝
黄色。在同科水草中也属于比较容易养殖
的种类,耐修剪。小小的圆形叶片十分可
爱,也适用于小型水草缸。

小圆叶
Rotala rotundifolia
使用的水草缸: P31、P103
红色系有茎草中的经典水草,非常容易养
殖。不同状态下,叶色由黄至红变化,将
水景装扮得鲜艳明亮。有很多不同的地区
变种。

印度红宫廷
Rotala rotundifolia 'Indica-Hi Red'
使用的水草缸: P19、P43、P83、P103
非常流行的一种红色水草。比较容易养殖,
不过若想红色发色更美,底床最好选用水
草泥,并适量添加液肥。

红蝴蝶
Rotala macrandra
纯红色的叶片颇具挑战性,叶色十分优美。
养殖难度较大,必须准备充分的光照与
CO_2。购买时应选择已长出水下叶的植株。

红松尾
Rotala wallichii
流通量较大,叶片纤细优美,名字又十分
可爱,因此人气极高。若想充分欣赏它的魅
力,应准备好照明、CO_2 等各项养殖条件。

柬埔寨红松尾
Rotala wallichii from Cambodia
叶片比红松尾更大、更红。叶片柔软,节
距较短,因此集中种植会更加美观。通过
修剪重植可对优美的顶芽进行维护管理。
喜 pH 值较低的环境。

尖叶红蝴蝶
Rotala macrandra (Narrow Leaf form)
使用的水草缸: P83
叶片较小,叶色深红,极具魅力。喜 KH
值较低的水质,如果水草缸中出现螺贝,
会严重影响其长势。购买时选择水下叶已
经长好的植株,养殖起来会比较容易。

珍珠草
Hemianthus micranthemoides
(Micranthemum glomeratum)
使用的水草缸: P19、P25、P43

亮绿色的叶片极具透明感，可将水草缸装点得鲜艳明亮，因此应大量种植，增大面积。可适应多种水质，非常容易养殖。耐反复修剪。

大叶珍珠草
Micranthemum umbrosum
使用的水草缸: P25、P49、P77、P89
比珍珠草叶片更大、更圆，看上去十分可爱。应勤换水。底床使用水草泥，会更耐修剪。

卵叶水丁香
Ludwigia ovalis
红色的叶片展开后为圆形。非常容易养殖，如果各项养殖条件完备，水草状态良好，顶芽形态会十分优美，令人不由得联想到郁金香。

大红叶
Ludwigia glandulosa
使用的水草缸: P83
比起同科的其他水草，叶片更为密集，适合用来呈现出分量感。不同水质下，叶色由棕色至红色变化。生长速度缓慢，容易维护。

叶底红（水丁香、沼生丁香蓼）
Ludwigia palustris
使用的水草缸: P49
柳叶菜科水草，适合大量种植，容易养殖。很容易长出腋芽，向斜上方生长。不同养殖条件下，叶色由浅棕色至红色变化，也有绿叶型品种。

青叶草
Hygrophila polysperma
使用的水草缸: P31、P49
最流行的有茎草之一，非常容易养殖。出售时多为水上叶状态，大约2~3周后开始长出水下叶。

豹纹青叶
Hygrophila polysperma 'Rosanervig'
使用的水草缸: P43
青叶草的改良品种。粉色叶片上带有白斑，十分优美。若想维持住这种色彩，可少量添加一些肥料。

中柳
Hygrophila corymbosa 'stricta'
使用的水草缸: P77
中柳的茎如同树枝一般，再加上大大的叶片，显得十分有力量，非常适合做后景中的焦点造型。添加底床肥料效果会更好（第77页使用的是窄叶型中柳）。

小红莓（小红梅、柳叶丁香蓼）
Ludwigia arcuata
使用的水草缸：P25、P43、P69
红色叶片呈尖锐的线状，造型十分引人注目，是造景中常见的水草。如果只有水上叶，养殖起来会比较辛苦，因此，购买时最好直接选择带有水下叶的植株。

万荣百叶草
Pogostemon sp. (from Vang Vieng)
使用的水草缸：P77
百叶草的同类，产于老挝的万荣地区。细长的叶片略带一丝黄色。

印度百叶草
Pogostemon deccanensis
使用的水草缸：P19、P69、P77
线状的细叶十分密集。虽然每一根水草都十分纤细，但易分枝，可通过反复修剪来增加水草密度。

细叶水丁香（大红梅、大红莓）
Ludwigia brevipes
使用的水草缸：P19、P83
外形酷似小红莓，不过叶片更大，也更容易养殖。耐修剪，非常适用于造景。

百叶草
Pogostemon stellatus
线状叶片轮生，体积较大，因此只种植一根就能形成焦点造型，仿佛一朵盛开的鲜花。添加底床肥料效果会更好。

澳洲百叶草
Pogostemon sp. (from Australia)
使用的水草缸：P19、P49
体型比百叶草更小，叶幅较窄，可用于各种型号的水草缸。非常容易养殖，也比较耐修剪。

水罗兰（异叶水蓑衣）
Hygrophila difformis
使用的水草缸：P31
叶片上有很多缺刻，仿佛茼蒿，造型十分优美。由于外形比较独特，与其他水草搭配在一起时，效果会更突出。比较容易养殖。

龙卷风叶底红
Rudwigia inclinata 'TORNADO'
豹纹丁香的突变品种，特点是叶片强烈扭曲。必须保证强光照射，因此最好置于中景等光线充足的位置。不喜 pH 值过低的环境。

超红水丁香
Ludwigia sp.'SUPER RED'
叶底红的改良品种，红色非常浓郁。不同照明条件下，叶片可能会发紫。养殖时应保持弱酸性至酸性水质与强光照射。耐修剪，丛生状态十分优美。

波叶谷精太阳
Syngonanthus sp.'Rio Uaupes'
使用的水草缸：P49
叶尖卷成一团，造型十分优美，一度曾掀起一股热潮。水质维持在较低的 pH 值（6.2 左右），会加快生长速度。有很多不同的地区变种。

日本绿千层（雪花羽毛）
Myriophyllum mattogrossense
使用的水草缸：P19、P69、P83
亮绿色的叶片看上去仿佛结晶的雪花，形状独特，极具魅力。能适合各种不同的养殖条件。

大宝塔（大石龙尾）
Limnophila aquatica
使用的水草缸：P49
比小宝塔体型更大，可用作造景中的焦点造型。若要体积更大，可使用底床肥料。叶片直径有可能超过 10cm。

虎耳
Bacopa caroliniana
使用的水草缸：P77
叶片为卵形，叶尖略有卷曲。非常容易养殖，适合初学者。叶片有浮力，因此，一定要种得牢固一些。

红狐尾藻（红千层）
Myriophyllum tuberculatum
叶片很细，叶色由红色至橘色不等，造型十分优美。养殖难度较大，必须保证强光照射以及充足的 CO_2，同时注意添加液肥。

小宝塔（石龙尾）
Limnophila sessiliflora
明亮的绿色叶片轮生，是非常流行的水草。添加 CO_2 效果会更好，但也可能因长势过快而造成徒长，影响外观。茎十分柔软，容易出现损伤，一定要小心养护。

宽叶太阳
Tonina fluviatilis
谷精草科的水草，叶片缓缓向外弯曲。俯视时，顶芽的形状仿佛星星一般，造型十分优美。养殖时，应选择偏酸性的水质。

圭亚那狐尾藻
Myriophyllum sp. 'Guyana'
使用的水草缸：P49
在狐尾藻中属于叶径较小的类型，造型细腻，十分优美。不过，养殖难度较大，种植时一定要选择好位置，不要被其他水草遮挡住光线。

几内亚矮宝塔
Limnophila sp.'Guinea Dwarf'
俯视时，叶片很小，直径只有 2cm 左右。养殖难度很大，重植或换水不勤都容易造成溶解。因此，日常养护时，可将状态不好的水草连根拔掉，剪去枯叶后再进行重植。

三裂天胡荽

Hydrocotyle tripartita

使用的水草缸：P19、P63、P89

三裂天胡荽别名日本天胡荽，叶片形状独特。叶片舒展，缠绕在沉木上，可营造出优雅的氛围。

血心兰

Alternanthera reineckii

莲子草属的水草，叶片多为对生，叶色发红。本种的特点是叶片较小，略带波浪状。直立生长，多用于荷兰式造景。

虾柳

Potamogeton gayi

外形很像杂草，适用于再现水下景观。绿色的叶片极具光泽感，不同状态下，叶片可能会发红。

香香草

Hydrocotyle leucocephala

使用的水草缸：P77

香香草的外形与众不同，圆圆的叶片仿佛爬山虎一样不断向上伸展，极具个性，是一款非常受欢迎的水草，也很容易养殖。

红水蓼（粉红水蓼、紫艳水蓼）

Polygonum sp. 'red'
Persicaria sp. (Pink form)

使用的水草缸：P49

细长的粉红色叶片十分引人注目。叶片笔直生长，种植在其他有茎草之间，可以强调景观的纵向线条。

穿叶眼子菜

Potamogeton perfoliatus

亮绿色的叶片看上去非常清爽，放在养殖淡水鱼的鱼缸中十分相称。刚引入水草缸时容易溶解，一定要勤换水。

毛叶天胡荽

Hydrocotyle maritima

使用的水草缸：P25

体型比香香草更小，叶片上有很多锯齿状缺刻。可通过走茎在底床上匍匐生长，也可让叶片向上伸展，仿佛漂浮在水中一样，能制造出一种奇妙的感觉。

越南簧藻

Blyxa vietii

使用的水草缸：P83

与簧藻不同，越南簧藻的外形就像标准的有茎草。叶片极具透明感，非常优美，有一种独特的氛围。通过走茎繁殖，很适合用来表现自然感。

赤焰灯心草

Juncus repens

使用的水草缸：P49

赤焰灯心草的造型很独特，茎的前端形成子株并不断繁殖。不同状态下，叶色可由绿色变为红色。顶芽黄化就说明需要追肥。添加底床肥料效果会更好。

绿温蒂椒草
Cryptocoryne wendtii 'Green form'
广泛分布于东南亚地区的天南星科水草之一。刚引入水草缸时叶片可能会溶解，一定要迅速去除溶解部分。不同养殖条件下，叶色会由绿色变为棕色。

纯绿温蒂椒草
Cryptocoryne wendtii 'Real Green'
使用的水草缸：P25
大部分椒草的叶色会随环境变化而变化，不过本种即使在水下叶状态，叶色也始终维持绿色不变。体型较小，既可做焦点造型，也可做丛生造型。

细长水兰
Vallisneria nana
使用的水草缸：P31
比小水兰（*V.spiralis*）叶幅更窄，在水景中显得格外清爽。走茎长势旺盛，需勤修剪。

皇冠草
Echinodorus amazonicus
使用的水草缸：P31
最流行且最皮实的水草之一。根部周围埋设底床肥料，可令叶片展得更大，不过应注意与其他水草的大小保持平衡。

绿火焰皇冠草
Echinodorus 'Green Flame'
众多皇冠草改良品种之一，圆形的叶片上有很多红色斑点。由欧洲或东南亚水草养殖场进口，非常容易养殖。

长叶九冠
Echinodorus uluguayensis
叶幅比皇冠草略窄，亮绿色的叶片极具透明感。如果养殖环境得当，体型会比较大，因此，最好在比较大型的水草缸中养殖。

绿波浪椒草
Cryptocoryne undulata 'Green'
特点是叶片边缘呈细小的波浪状。不同水质、肥量或照明强度下，叶色可能会变成红棕色。体型较小，最大也不过20cm左右，使用方便。

缎带椒草
Cryptocoryne crispatula var. *crispatula*
叶片细长的大型水草，整片叶呈波浪状，叶色呈独特的绿色。用于较高的水草缸中，可以演绎出亚洲的水边风情。只要扎好根就非常容易养殖。

大莎草
Eleocharis vivipara
使用的水草缸：P49、P77、P89
叶片又细又长，属于牛毛毡的同类。如果使用得当，可令水景显得十分柔和。叶尖形成子株，不断繁殖。

兔耳睡莲（尖瓣睡莲）
Nymphaea oxypetala
巨大的叶片上有长长的裂叶，形状酷似兔头。休眠期叶片会停止生长，不过只要环境条件良好，叶片还会再次展开。是有名的难以长出浮叶的水草。

圣塔伦小可爱睡莲（南美小可爱睡莲）
Nymphaea sp.'Santarem Dwarf'
使用的水草缸：P97
姬睡莲的一种。球根大约米粒大小，通过走茎繁殖。叶片长大后，可通过全部剪掉来调整大小。

大香菇草
Nymphoides hydrophylla
使用的水草缸：P31
与香蕉草一样，属于睡菜科水草。亮绿色的圆形叶片看上去十分柔和，同时又个性十足，可以利用这种有特色的外形来制作独特的造景图案。

小喷泉
Crinum calamistratum
叶片边缘呈细小的波浪状，叶片不规则地向四方伸展，用于造景时，可制作出非常有个性的水景。购买时最好挑选已长出新芽的植株，比较容易养殖。

红虎斑睡莲
Nymphaea lotus 'Red'
非常适合水草缸养殖的一款睡莲。齿叶睡莲（*Nymphaea lotus*）有很多变异品种，叶色有红有绿。一旦长出浮叶就要剪掉，这样可以长期维持水下养殖。

细叶水芹
Ceratopteris thalictroides
使用的水草缸：P43
叶片上有很多细小的缺刻，属于蕨类植物。适应水草缸内的环境后，叶片上会形成子株，去掉母株，只保留子株，水草形态会更优美（第43页作品使用的是越南产细叶水芹）。

柔毛睡莲
Nymphaea×pubescens
异种间杂交产生的品种。多在水草养殖场中培植，有时会以球根状态入货。非常容易养殖，即使是无叶的球根，几天后也会长出略带红色的叶片。

四色睡莲
Nymphaea micrantha
红褐、绿、暗褐三种颜色像马赛克一样在叶片上形成奇妙的图案，魅力十足。叶片会缓缓向上伸展，不会突然冒出浮叶。不算很皮实，养殖的关键是要添加底床肥料。

长叶萍蓬草
Nuphar japonica var. *stenophylla*
绿色的叶片有一种清爽的透明感，极具特色，叶片比日本萍蓬草更为细长。叶片长势旺盛，比较适合 60cm 以上的水草缸。刚引入水草缸时应勤换水。

窄叶铁皇冠
Microsorum pteropus 'Narrow Leaf'
使用的水草缸：P19、P43、P69、P83
非常流行的一款铁皇冠。叶幅较窄，按照叶片宽度的不同，又可分为"半窄叶铁皇冠"、"真窄叶铁皇冠"等不同品种，每种水草的生长速度也有所差异。

菲律宾铁皇冠
Microsorum pteropus (from Philippines)
叶片凹凸不平，十分优美。体型不会太大，叶宽 2cm 左右，适用于 60cm 左右的水缸。附着在沉木上会形成非常好的点缀。

柯达岗辣椒榕
Bucephalandra sp.'Kedagang'
原生于加里曼丹岛的溪流区域，属于天南星科水草。叶片上闪耀着独特的光泽，十分优美，而且变种众多，人气极高。可在石头或沉木上附着生长。

铁皇冠
Microsorum pteropus
使用的水草缸：P77
分布于亚洲地区的蕨类植物。与水榕一样，可附着在沉木或石头上。养殖方法比较简单，叶片内侧会形成子株，不断繁殖。

十字铁皇冠
Microsorum sp.'shizi'
窄叶铁皇冠的变种，叶片会再分为三叶或五叶。以前属于珍稀水草，不过目前流通量已逐渐增大。容易感染水羊齿病，因此要注意保持水质清洁。

黑木蕨
Bolbitis heudelotii
使用的水草缸：P25、P43
非洲产水生蕨类植物。叶片颜色浓郁，附着在沉木上可以营造出非常自然的氛围。喜硬度适当的水质，应坚持定期换水或置于水流之下。

鹿角铁皇冠
Microsorum pteropus 'Windelov'
使用的水草缸：P43
铁皇冠的变异品种，叶尖细裂。由欧洲水草养殖场"卓必客公司"出品，学名中的种名是以创始人的名字命名的。养殖方法与铁皇冠相同。

小叶铁皇冠
Microsorum sp.'Small Leaf'
使用的水草缸：P57
叶片很小，恰如其名，非常适合在小型水草缸中使用。生长速度缓慢，应注意防止叶片上长藻。

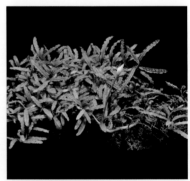

卡优拉匹斯辣椒榕
Bucephalandra sp.'Kayu lapis'
辣椒榕的一种，叶片为浓郁的绿色。辣椒榕大多比较皮实，但有时叶片会溶解，因此一定要保持水质清洁。

小榕
Anubias barteri var. *nana*
使用的水草缸：P43
非洲产的水生天南星科水草。用包塑扎线将根茎绑在石头或沉木上，可附着生长。非常容易养殖，环境良好的状态下，生长速度会更快。

新加坡莫丝
Vesicularia dubyana
与爪哇莫丝一样，可附着生长。如果长势良好，会形成非常优美的三角形。如果过于繁茂，叶片容易剥落，应注意及时修剪。日文名为"南美莫丝"，实际产地位于亚洲。

喀麦隆莫丝
Plagiochila sp. 'Cameroon moss'
使用的水草缸：P57
藓类植物，状如鸟羽，造型十分优美。附着力较弱，因此最好使用鱼线而非棉线进行捆绑。如果使用得当，会有一种爪哇莫丝无法表现的独特味道。

袖珍小榕
Anubias barteri var. *nana* 'Petite'
使用的水草缸：P63
小榕的小型变种。由于体型较小，很适合在小型水草缸中使用。不同水草养殖场出品的植株大小似乎有所差异。

爪哇莫丝
Taxiphyllum barbieri
使用的水草缸：P19、P43、P69、P83、P97
为了营造自然感而经常使用的苔藓植物之一。用棉线等绑在石头或沉木上，可附着生长。非常皮实，可适应多种养殖条件，不过，在光线与 CO_2 都很充分的环境里，姿态会更美。

欧洲球藻
Cladophora aegagropila (Aegagropila linnaei)
使用的水草缸：P89
一种欧洲进口的球藻。容易附生藻类，因此加几只大和藻虾会更容易保养。另外，勤换水效果也很好。本种无法附着生长，关于捆绑在沉木上的方法书中已有介绍。

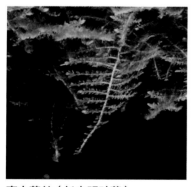

直立莫丝（长尖明叶藓）
Vesicularia reticulata
与新加坡莫丝一样，呈三角形生长，不过绿色更为浓郁，前端看上去十分尖锐。附着力较弱，应及时去除浮叶。

美国凤尾苔（美国莫丝）
Fissidens fontanus
属于莫丝类水草，叶片状如鸟羽，造型十分优美。生长速度缓慢，附着需一定时间，因此最好使用鱼线进行捆绑。另一种方法是一开始就加大水草的种植数量。喜新鲜水质，应勤换水。

羽裂水蓑衣（锯齿艳柳）
Hygrophila pinnatifida
2010 年卓必客公司发布的印度产水草。叶片为红褐色，上有大锯齿。虽属于有茎草，但却罕有地具备附着生长的特质。当然，也可直接种在底床上。

沉木与石头图鉴

制作水草缸的骨架与构图时，石头与沉木都是必不可少的元素，下面将介绍它们的特征。世界上不存在两块形状完全相同的石头或沉木，因此，一旦发现心仪之物，不要犹豫，赶紧买下。

解说：志藤范行

普通沉木
市场上销售的普通沉木有各种不同颜色与形状。通常无需特别去除黄水，不过有些沉木上会附着尘土，应用刷子刷干净再使用。

小块沉木
小块沉木是指一些大型沉木尖端折断的部分，或是加工后剩下的边角料。在小型水缸中可以大显身手。有时会批量销售。

枝状沉木
枝状沉木的形状多种多样，主要可以分为两大类：带树干的树枝与纯树枝。即使是很细的树枝，也可多个组合在一起，形成立体的、充满动感的造型。

细枝沉木
枝状沉木的一种。相对密度较小，不容易沉到水底，因此应先在装满水的桶中浸泡一段时间，若想立即使用，可在沉木上放一块石头压住。初期石头表面可能会产生水霉菌，可以养几只小精灵鱼或虾类帮助去除。

白沉木（Whitewood、Americanwood）
整体颜色偏白，但内侧常常发黑，像烧焦了一样。刚开始在水下使用时，颜色明亮的一面可能会出现水霉菌，但随着时间的推移，情况会逐渐好转。由于流通量不是很大，有机会见到应立刻入手。

小块枝状沉木
被裁切成适当大小的枝状沉木。放入水中后，随着时间的推移，颜色会越来越暗，越来越素雅。

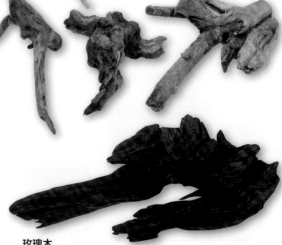

老黑木
黑色沉木，重量感十足。形状大多非常美观，很适合水草造景。

玫瑰木
表面被研磨过的沉木，非常美观。很少出现黄水，使用方便。由于有裁断后的截面，放置时应注意角度。

沉木

青龙石
石头表面有很多白色的纹路，外观十分优美。可以提升水的硬度。

升龙石
流通量非常大，形状极具个性，人气很高。可以提升水的硬度。

熔岩石
流通量非常大，颜色为红色，与水草的绿色搭配起来非常优美。不仅可以单独造型，还可用来附着爪哇莫丝或其他蕨类植物，用途十分广泛。

龙王石
对水的硬度影响不大，价格也很便宜，非常适合初学者使用。

山谷石
石头表面凹凸不平，棱角分明。对水的硬度的影响似乎不是很大。

万天石
典型的"山石"，适用于制作真正的石组造景水草缸。对水的硬度影响不大。

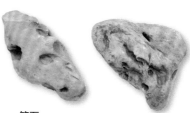

笙石
石头表面有很多圆形的凹坑，形状奇特。属于"河石"，因此放在砂粒上效果非常好。不会令水质发生急剧变化，使用方便。

王狼石
王狼石的特点是颜色发棕，外形好似很多石板叠在一起。可用于制作造型有趣的水景。

选择沉木或石头时的注意事项

1. 不要多种材质混用
　　除非有特殊目的，否则，造景时应尽量使用同一种的石头或沉木，以保持风格统一。

2. 围绕你最想表现的素材进行选材，注意选择可以起到烘托作用的材料
　　人们都想只选择形状最好的材料，但这样制作出的水景往往会显得十分杂乱。
　　应巧妙地选择一些"不太显眼"的素材来突出重点。

3. 准备好不同大小的素材
　　使用大小不同的沉木（石头），不仅便于表现空间的远近感，还可以增加水景的变化。

装点水草缸的
观赏鱼图鉴

可以说，只有在观赏鱼的衬托下，才能真正发挥水草造景之美。下面将介绍这些水景舞台上的名角。

摄影：石渡俊晴、桥本直之

红绿灯鱼（霓虹脂鲤）
Paracheirodon innesi
众所周知的热带鱼代表。价格便宜，可以大量购买也是它的魅力之一。不过刚进货的小鱼很难养活，最好挑选那些已经进货一段时间后的小鱼购买，比较令人放心。长约3cm。

脂鲤科观赏鱼

宝莲灯鱼（阿氏霓虹脂鲤）
Paracheirodon axelrodi
身上的红绿色彩都十分浓郁，外形优美。喜欢成群游动，非常有看点，因此常被用于水草造景。近年来，印度尼西亚也开始养殖，采购越来越方便。长约4cm。

绿莲灯鱼（类霓虹脂鲤）
Paracheirodon simulans
外形酷似红绿灯鱼，不过，蓝线直达尾部，这是区分二者的标志。有时会啃咬比较柔软的水草，因此一定不要忘记喂食。长约3cm。

红灯管鱼（红带半线脂鲤）
Hemigrammus erythrozonus
身体内侧有一道鲜艳的红色，仿佛会发光。随着时间的推移，这道色彩会越来越浓郁，令人充分感受到养殖的乐趣。长约3cm。

红头剪刀鱼（布氏半线脂鲤）
Hemigrammus bleheri
只有头部有一抹红色，外形非常时尚。这抹红色在弱酸性水质中会更加明显，因此，在容易形成弱酸性水质的水草缸中养殖本种，可欣赏到更优美的身姿。长约5cm。

脂鲤科观赏鱼主要生活在南美及非洲大陆。
有很多体型较小、性格温和、外表优美的品种，非常适用于水草缸造景。

露比灯鱼（血红露比灯鱼）
Axelrodia riesei
有一种名为"血钻露比灯鱼"的品种，仅尾部带有红色，而本种则全身通红，非常漂亮。身长 2.5cm 左右，体型较小，似乎总在一点上定位游动。

七彩水晶旗鱼
Trochilocharax ornatus
全身透明，非常优美。尾鳍上叶为红色，下叶为白色，配色奇妙，惹人喜爱。养殖难度较大，最好在各项条件良好的水草缸中进行养殖。长约 2.5cm。

喷火灯鱼（爱鲃脂鲤）
Hyphessobrycon amandae
与其说它的颜色是火红色，不如说更接近朱红色，看上去十分温暖。虽然体型很小，但有一定的体高，因此十分醒目。长约2.5cm。

黑白企鹅鱼（搏氏企鹅鱼）
Thayeria boehlkei
由鳃盖骨后侧至尾鳍下叶有一道黑线，头朝上游动时，剪影酷似企鹅，由此得名。配色十分雅致，置身于满是红色有茎草的华丽水景中，一定能将彼此映衬得更为优美。长约5cm。

红衣梦幻旗鱼（史氏鲃脂鲤）
Hyphessobrycon sweglesi
通体纯红色，背鳍长长的，造型非常优美。既可成群导入水景之中，也可在一群宝莲灯鱼中放几只当做点缀。长约 4cm。

黑旗鱼（大鳍鲃脂鲤）
Hyphessobrycon megalopterus
外形酷似被染成黑色的红衣梦幻旗鱼。本种的特点是背鳍更为宽大，如果水草缸内有足够空间，可以欣赏到雄鱼争斗时背鳍全部展开的样子。长约 4cm。

银斧鱼
Gasteropelecus sternicla
银斧鱼的体型十分独特，腹部很大，极为突出，但整个身体却薄如纸片。生活圈主要位于水面附近，因此适合搭配一些在水缸中层游动的鱼类。很容易从水缸中跃起，千万不要忘记盖好盖子。长约6cm。

市场上流通的鲤科观赏鱼主要是生活在亚洲与非洲的种类。
特征是有很多越养越漂亮的鱼。

钻石红莲灯鱼（阿氏波鱼）
Sundadanio axelrodi
鱼身为金属蓝色，上面仿佛镶嵌着许多细小的颗粒，极具魅力。色彩丰富，不同地区的鱼，颜色会有所差异，收集各种颜色不同的钻石红莲灯鱼也不失为一种乐趣。鱼嘴很小，应注意鱼食的大小。长约2cm。

亚洲红鼻鱼（闪光鲹）
Sawbwa resplendens
鱼身为闪耀的蓝色，头部与尾鳍各有一抹红色，颜色对比十分漂亮。为了更好地发色，最好选用偏中性的水质。另外，有些水景中使用了能提高水的硬度的石头，也很适合本种。长约4cm。

微型蓝灯鲃
Microdevario kubotai
鱼身具有透明感，上面有一道荧光绿色的线条，十分漂亮。不同角度的光照下，后背还会发出蓝光，这是本种最大的魅力。您也可以尝试用这道闪耀的蓝色装点自己的造景作品。长约3cm。

鲤科观赏鱼

金三角灯鱼（伊氏波鱼）
Trigonostigma espei
非常流行的一种观赏鱼，鱼身上的橘色仿佛煤油灯中的火苗，色泽十分温暖。这种颜色在弱酸性水质中会更为鲜艳。外形与正三角灯鱼十分相似，可通过鱼身上的黑斑形状分辨三者。长约3.5cm。

一线长虹灯鱼（红线波鱼）
Rasbora pauciperforata
细细的鱼身上有一道笔直的红线，仿佛高温加热后的金属，色泽十分鲜艳。发色深浅会受状态影响。另外，有些种群身上是一道金线。长约5cm。

一眉道人鱼（丹尼氏无须鲃）
Puntius denisonii
鱼身上的色彩类似红头剪刀鱼，属于鲤科观赏鱼。如果有足够的空间，身长可达15cm以上，在大型水草缸中成群游过，会形成非常优美的水景。性情温顺，容易养殖。

小丑灯鱼（斑纹泰波鱼）
Boraras maculata
泰波鱼属的鱼有很多种，不过体型都很小，长约2cm，非常适合居住在小型水草缸中。本种的特点是鳃盖骨后方与尾鳍基部都有黑色斑点，鱼身上的红色会越养越深。

花鳉科观赏鱼生活在世界各地，繁殖形态多种多样，
既有产卵的，也有直接生出小鱼的，养殖起来乐趣多多。

花斑剑尾鱼
Xiphophorus maculatus var.
花斑剑尾鱼种类丰富，而且生物学习性十分有趣，它可以直接生出小鱼，因此人气极高。在造景中使用不同颜色的花斑剑尾鱼，可增添水景的乐趣。图片中的品种为红球剑尾鱼。长约 5cm。

红白剑尾鱼
Xiphophorus hellerii var.
红白剑尾鱼属于卵胎生鱼，特点是尾鳍下端伸长。本种鱼身呈红白两色，非常喜庆，人气极高。不同个体身上的红白图案会各不相同。很容易养殖。长约 8cm。

湄公河青鳉
Oryzias mekongensis
青鳉属观赏鱼。鱼身上能称得上色彩的只有尾鳍边上的两条红线，但在水中却非常醒目。体型较小，只有 2cm 左右，也可用于小型水草缸。

花鳉科观赏鱼

孔雀鱼
Poecilia reticulata var.
孔雀鱼是热带鱼的代表，也可在水草缸中养殖。它们比较喜欢新鲜水质，因此应坚持定期换水。品种很多，可多种混合饲养，也可根据水景选择合适的品种。图片中的品种为德系黄尾礼服缎带白子孔雀鱼。长约 5cm。

蓝眼灯鱼
Poropanchax normani
群养更能衬托出蓝眼灯鱼的魅力。比较喜欢在水缸上层游动，眼睛四周的蓝光映在水面上，景象十分梦幻。观察单只蓝眼灯鱼，也能感受到它的尾鳍形状与色彩之美。长约 3cm。

斑节鳉
Pseudepiplatys annulatus
非洲产的卵生观赏鱼，非常适合"小型美鱼"的称号。体型上下对称，非常奇妙，尾鳍上的色彩如糖果一般，眼睛四周闪耀着蓝光，全身上下都充满点点。长约 4cm。

二线蓝眼灯鱼
Poropanchax macrophthalmus
仿佛升级版的蓝眼灯鱼，看起来更为华丽。背鳍与尾鳍伸长，鱼身上蓝光闪闪的鱼鳞呈线状排列。适合与原产于非洲的水草以及水榕类水草等搭配。长约 4cm。

丽鱼科观赏鱼大多分布在中南美及非洲大陆，它们具有一种魅力十足的生活习性——父母会养育幼鱼。

荷兰凤凰鱼
Mikrogeophagus ramirezi
容易养殖、外形优美、繁殖方式有趣，荷兰凤凰鱼集三大优点于一身，人气极高。它们会将卵产在沉木或石头表面，父母会照顾孵化出的小鱼。有时，它们会在你不知不觉间产卵，然后冷不防就领着鱼宝宝游出来。长约6cm。

球荷兰凤凰鱼
Mikrogeophagus ramirezi var.
荷兰凤凰鱼在亚洲、欧洲都有很多地方在进行人工养殖，改良品种很多。图片中的品种身材比较短小，非常适合做水草缸中的吉祥物。

宝蓝荷兰凤凰鱼
Mikrogeophagus ramirezi var.
2009年首次问世后，迅速掀起一股热潮。鱼身的蓝色酷似蓝铁饼鱼，为水草缸带来一抹清爽的色彩。有些改良品种身材比较短小。

丽鱼科观赏鱼

神仙鱼
Pterophyllum scalare
丽鱼科观赏鱼的代表，放在种有皇冠草的水草缸中，立刻就能重现亚马孙河的水下风情。神仙鱼本身似乎也很喜欢皇冠草，经常在皇冠草的叶片上产卵。有很多改良品种，如白金神仙鱼等，为水景增添了很多乐趣。不过，神仙鱼体长可以达到12cm左右，一定要注意水草缸的大小。

阿卡西短鲷（超红）
Apistogramma agassizii var.
隐带丽鱼属的鱼体型都很小，适合收集不同品种，人气很高。喜弱酸性至酸性水质，非常适合水草缸养殖。图中为改良品种，红色尤其突出。入货量很大，容易养殖。长约7cm。

酋长短鲷
Apistogramma bitaeniata
背鳍呈锯齿状，尾鳍的上下两端分别伸长，剪影十分优美，同时，不同颜色的变种很多，人气极高。喜欢在沉木的阴影等洞窟状空间里产卵（其他短鲷也有同样习性）。长约7cm。

金眼短鲷
Nannacara anomala
体型圆滚滚的，十分可爱。成熟的雄鱼（如图）体表覆盖着一层金属光泽，闪闪发亮，非常漂亮。在一群灯鱼中忽然冒出几条金眼短鲷，是不是会显得非常专业？长约6cm。

丝足鲈科观赏鱼具有一种辅助呼吸器官，叫作"迷鳃"，可以直接从空气中吸取氧气。主要分布在亚洲及非洲大陆。

金丽丽鱼
Colisa chuna var.
小型鱼，身长4cm左右，明黄色的色彩十分可爱，是人气极高的改良品种。可以吃掉水中的水蚤或沉木刚入水时冒出的白色霉状物质，因此在造景中备受重用。

电光丽丽鱼
Colisa lalia
丝足鲈科观赏鱼的入门种。体色为橘色，色彩十分鲜艳，腹鳍伸展时仿佛有触觉一样，十分奇妙。而且繁殖方式也很有意思，会在水面上构筑泡巢，可谓将热带鱼的魅力齐聚一身。性情温和，可以混养。长约6cm。

小叩叩鱼
Trichopsis pumilus
鱼身与鱼鳍上布满蓝色珍珠般的光点，十分美丽。性情温和，容易养殖，可与任何鱼类混养。可爱的表情搭配上慵懒的泳姿，可谓是水草缸中最为治愈的存在。长约3cm。

丝足鲈科观赏鱼

红丽丽鱼
Colisa chuna
金丽丽鱼的原种。成熟的雄鱼（如图）腹部一侧为纯黑色，与金丽丽鱼可爱的外表截然不同，身姿十分精悍。可根据造景风格的不同进行选择，如华丽的水景中使用金丽丽鱼，想要重现当地的水下风情时使用红丽丽鱼，一定很有意思。长约4cm。

巧克力飞船鱼
Sphaerichthys osphromenoides
色彩虽然并不艳丽，不过鱼身上不规则的金色斑纹以及可爱表情似乎颇得鱼友喜爱，人气极高。养殖难度稍大，购买时最好选择已经稳定下来的个体。长约5cm。

苇蓝提飞船鱼
Sphaerichthys vaillanti
巧克力飞船鱼的同类，不过身姿极具冲击力，完全颠覆了巧克力飞船鱼给人的印象。雌鱼身上有鲜艳的红绿色条纹，非常可爱。繁殖时，雄鱼会将鱼卵衔在嘴里，进行保护。长约6cm。

珍珠马甲鱼（珍珠毛足鲈）
Trichogaster leeri
大型观赏鱼，体长能达到12cm左右。鱼身上布满珍珠斑点，雄鱼的腹部呈橘色，姿态之美在同类鱼中首屈一指。特意为一对珍珠马甲鱼打造一件造景作品，是不是非常值得？

水草缸中可以养殖的鱼、虾有很多种。
您可以根据它们的生活习性及特点选择自己水缸中的主角！

珍珠燕子鱼（格氏鲻银汉鱼）
Pseudomugil gertrudae
鲻银汉鱼科观赏鱼。鱼鳍上的图案仿佛蝴蝶的翅膀，成群游动时非常漂亮，雄鱼之间争斗时展开背鳍的景象也十分壮观。长约4cm。

霓虹燕子鱼（叉尾鲻银汉鱼）
Pseudomugil furcatus
鲻银汉鱼科观赏鱼。拍打胸鳍的样子仿佛想要振翅高飞，十分可爱，成群引入缸内，一定能形成非常华丽的水景。长约5cm。

蓝帆变色龙鱼
Badis badis
变色鲈科观赏鱼。鱼身上的颜色会随心情变动。据说可以吃掉水草缸中的螺贝，因此常被用作造景时的工具鱼。长约5cm。

红蜜蜂虾
Neocaridina sp.
改良品种，近年来引发了一股养虾热潮。通常底床应使用水草泥，在水草缸中也非常容易养殖。红白两色的图案在一片绿色水草中十分醒目，特意为它制作一件造景作品也会很有意思。与某些鱼类可以混养。不过想要实现繁殖目的还比较困难。长约2.5cm。

火焰变色龙鱼
Dario dario (Badis bengalensis)
蓝帆变色龙鱼的同类，小型种，成鱼的体长也不过1.5～2.5cm。由于体型过小，不适合多种鱼混养的水草缸。如果能专门打造一个以本种为中心的水草缸，哪怕尺寸稍小一些也无妨，它们一定能像红宝石一样闪闪发亮。

长丝裸玻璃鱼
Gymnochanda filamentosa
鱼身透明，甚至能看到背景的颜色。雄鱼的背鳍与尾鳍展开后能比体高更长，造型之美已达到观赏鱼的极致。喜弱酸性水质，与水草缸是绝配。长约4cm。

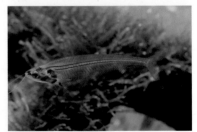

玻璃猫鱼
Kryptopterus bicirrhis
属于鲶科的一种，主要生活在东南亚地区。是水族界最为流行的透明鱼，透明感无敌。或许可以把它当做造景中的秘密武器，令观众大吃一惊。长约6cm。

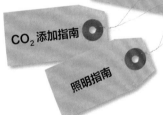
除藻对策

CO_2 添加指南

照明指南

日常养护与相关器具
的使用方法

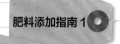
如何令水草缸
变得更美

设计好构图，种上心仪的水草，加入可爱
的观赏鱼，造景就算完成了吗？不，不仅没
有完成，不如说一切才刚刚开始。我们必须通过精心养护，才能令水景
不断增添光彩。

肥料添加指南 1

肥料添加指南 2

外置过滤器
添加指南

水草造景
用语集

水草缸的
除藻对策

水草缸一定会遇到除藻问题。这是没有办法的事情，因为水草喜欢的环境与藻类喜欢的环境完全相同。不过，在本书所介绍的造景作品中，几乎完全没有长藻问题。这应该归功于专业的除藻对策。

水草缸内常见的藻类

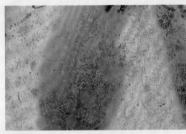

褐藻
开缸初期，大概率会出现褐藻。可以用海绵等轻轻擦一下，很容易擦掉。投放一些小精灵鱼，效果也不错。

绿色的丝藻
开缸初期，甚至是过了一段时间以后，都很容易出现绿色的丝藻。调整照明时间非常有效。

水绵
投放大和藻虾效果会很好。如果放置不理，水绵会越变越多。

须状藻
开缸一段时间后，容易出现须状藻。它们常常附着在石头、管道等较硬又经常有水流的位置上。投放黑线飞狐鱼会非常有效。

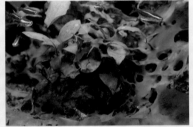

蓝藻
整个覆盖在缸壁、水草或底床表面，仿佛黏在上面一样。有一股刺鼻的恶臭。

"由点到线"的应对方法才是终极除藻的关键

文：志藤范行

爆藻，是想把水草缸爱好坚持下去的最大障碍，尤其对于初学者来说。即使已经多次面对这一问题，看到缸中布满藻类，仍会十分失望，甚至会在想方设法除藻的时候倍感压力。

面对这种现实，你是选择以后也继续等到问题出现再去焦头烂额地处理，还是选择提前了解藻类爆发的原因，并采取适当的应对措施？或许这就是你能否扩大自己的兴趣面并充分享受乐趣的关键点。

有时，一些临时的应对方法只不过能解决某个"点"的问题。如果同样的问题反复出现，那就说明你对除藻的认识还没有"由点到线"，也就是说，你还没有真正理解水草缸内各种条件的变化。

"水草缸内的环境是在不断变化的。"

让我们先从接受这一事实开始吧。

开缸初期出现的藻类

"我只是装好过滤器，注满了水，水草和鱼都还没有放呢，还什么都没开始呢。"

其实这种说法是不对的。新开缸的时候，只要注满了水，环境就开始变化。而且刚开缸时，可以说，一定会出现一种藻类，那就是褐藻。

●褐藻

褐藻会出现在缸壁、水草上、底床的表面、管道等处，几乎无处不在。不过，通常开缸2个月后，褐藻就不再出现。你可以把它当成一个开缸仪式上的过客。

应对褐藻的方法主要是勤换水。在开缸初期，加大换水量与换水次数，就可以控制褐藻数量。此外，适当投放几条小精灵鱼，几天后，就能消灭褐藻，并且不会再次出现。

在铺设了底床肥料的水草缸内，有时会从底床上或牛毛毡之间冒出一些绵状的褐色藻类，小精灵鱼自己就可以对付它们。

●绿色的丝藻

这时，如果同时出现了绿色的丝藻，那就要考虑一下是不是照明时间过长，或是换水量与换水次数还不够。趁问题还不太严重时，可通过增加换水量及换水次数，或是将照明时间缩短2~4小时来解决。

开缸2个月后出现的藻类

出现频率较高的是有味道的蓝藻或是须状藻（鹿角藻）。其他藻类很少引起特别棘手的问题，不过偶尔也会见到一些又细又长、像黑色铁丝一样的藻类。

●蓝藻

这种藻类可进行氮同化，简单来说，就是能以水草缸内的氮素成分（蛋白质等）为食。通常会出现在刚开缸或养殖

发现藻类后，可先动手去除！

刮
缸壁等平面上的藻类，可用专用刮刀刮掉。还可使用三角板、壁纸刀等工具。

揪
水草等细小部位上缠绕的藻类，或是一些浮游藻类，可在它们寄生生物之前用手揪掉，减少数量。

吸
蓝藻十分柔软，很容易用软管或气管直接吸出来。其他藻类如果已经掉下来，最好也把它们吸干净，防止以后再次出现。

使其干枯
对于沉木或石头表面的须状藻，可在上面喷一些令其干枯的产品（ADA水草保护剂/Phyton-Git），放置一段时间后，藻类会枯干发红。变成这种状态后，就会被虾吃掉。

条件尚未稳定的水草缸中。有时，时间太久的水草缸内也会冒出蓝藻。换句话说，鱼类较多或长期不断投放鱼饵的水草缸内，由于积聚了大量的蛋白质，对于可进行氮同化的蓝藻来说，是一个十分舒适的环境。

应对方法主要是换水。换水时，要将这些积聚的氮素成分连同蓝藻一起吸出来。通常它们过几天又会冒出来，不要怕，继续隔1天或每天换水，坚持战斗。同时，黑玛丽鱼多少也能派上一些用场，如果是60cm的水草缸，可先投放3~5条。每次除藻工作结束后，房间里都会弥漫着蓝藻的臭味，一定要小心。

此外，还要记住一点：水中的pH值接近5.0时，蓝藻的活性就会降低，如果pH值达到4.5以下，蓝藻基本就不

会再活动了。

●须状藻（鹿角藻）

须状藻主要出现在以鱼类为主的水草缸内，鱼饵投放得越多，越容易长须状藻。通常会出现在水质比较稳定、开缸已告一段落之后。水草缸内各项条件都没有问题，只是鱼饵放多了一些，不仅小鱼喜欢，对于须状藻来说，也是一个再舒服不过的环境。这样的例子似乎屡见不鲜。

以前出现这种问题时，主要是靠投放大量的大和藻虾来解决。现在也会投放一些黑线飞狐鱼。如果是60cm的水草缸，放3~5条就足够了。不过，如果水草缸内观赏鱼的数量已超出一般范围，那只放这几只显然就不够了。除藻期间，一定要严格控制鱼饵的数量，或者将其他鱼类先转移

到别的水草缸中。

关于工具鱼再补充两句。如果水温过高或pH值过低，大和藻虾的活动能力容易变得迟缓。而黑线飞狐鱼的数量如果过多，它们不仅会吃掉藻类，也会把爪哇莫丝全部啃光。一定要特别注意。

●水绵

有时，水草养殖非常顺利，但偶尔会遇到一些难以去除干净的绿丝状水绵。造成这一问题的原因可能有以下几点，如照明时间过长、水中肥料过剩或其他某项数值过于极端等。

这种水绵可通过投放大和藻虾轻松搞定。如果是水面上漂浮的叶片长藻，可对叶片进行修剪，藻类沉入水中后，就

会被大和藻虾吃掉。

此外，也可用水草缸专用强力活性炭（可安装在过滤槽内）吸除溶解在水中的多余养分，通过让水质贫营养化来除藻。几种方法同时进行，可以更有效地清除藻类。

如何改善环境

比起去除已经爆发的藻类，先去改变环境，避免藻类生长更为重要。

通过转变工作重点，切实掌握除藻本领。

关于如何改善环境，有不少书籍都介绍过相关的内容，如：

●用手去除藻类；
●缩短照明时间；

<h2>食藻生物</h2>

小精灵鱼
可以吃掉缸壁上或水草表面出现的柔软藻类。如果藻类较硬，投放白缰小美腹鲶或大帆琵琶鱼效果会更好。不过它们会将水草叶片啃出空洞，一定要小心。

大和藻虾
可以应对多种藻类。为了预防长藻，最好一上来就在缸内投放一些大和藻虾。但它们可能会啃食某些水草，要注意观察。

黑玛丽鱼
可以吃掉其他生物都不吃的蓝藻。还能吃掉水面上的油膜，十分能干！

<h2>食贝的鱼类</h2>

黑线飞狐鱼
它们沿着缸壁或石头、沉木上冒出的藻类表面边游边吃。尤其是针对须状藻，效果非常好。

转色彩螺
可以去除缸壁或石头、沉木上出现的藻类。不过，螺贝类壳里的某些成分可能会提高水的硬度，需特别注意。

巧克力娃娃鱼
用它特有的牙齿可以吃掉小个的螺贝。其他能够吃掉螺贝的鱼类还包括丽鱼科的托氏变色丽鱼等。

●增加换水量与换水次数；
●去除缸内积存的多余养分（底床及过滤器内）；
●引入除藻生物。

这几种方法可同时进行，至少坚持2~3周。"由点到线"的应对指的就是这种复合性、持续性的应对方法，最终，它会改变你打造水草缸环境的方向。

探究爆藻原因应该就会发现，这与水草缸之前的环境形成有很大关系。爆藻并不是一个突发结果。如果不能清楚地认识这一点，无论你每次如何辛苦地除藻，这一问题迟早还会再次爆发。

某种意义上来说，爆藻其实可以看作是"水草缸的环境生病了"。

引入除藻生物的注意事项

大和藻虾或黑线飞狐鱼等生物都可以为除藻贡献巨大力量。一些螺贝类生物也可起到除藻作用，不过，有些螺贝会在水草缸中繁殖，慢慢地就会提高水的硬度（KH）。而有些水草，如宽叶太阳或某些谷精太阳，喜低KH值，在种植了这些水草的水缸中，一定严禁使用螺贝除藻。

反过来，一些水草喜欢的环境，对于大和藻虾或是黑线飞狐鱼等除藻生物来说，pH值又太低了，无法让它们大显身手，这也是一个问题。

当然，种植这些特殊水草的水草缸只是极少数的例外，大部分情况下，除藻都可使用大和藻虾或黑线飞狐鱼。这两种生物对丝藻和须状藻都十分有效，因此，先从它们开始试一试吧。

总结：再次检查水草缸环境

使用除藻生物也是针对已经长藻的结果的一种应对方法。我们要"由点到线"地应对水草缸爆藻问题，必须在水草缸内建立一种不容易长藻的环境。为此，以下几种方法都十分有效：

● 检查缸内观赏鱼的数量（如果数量过多，应适当减少）；
● 保证过滤器网眼通畅（清洗滤材）；
● 定期点亮照明灯（安装定时器）；
● 定期换水（想办法创造养护时间）。

随着网络的普及，关于除藻方面的信息也越来越多。虽然了解方法的渠道越来越方便，但还是有不少人会抱怨说"一点儿用都没有啊"。我觉得，这可能就是因为你只抓住了除藻这一个"点"，片面地收集了一些信息的结果。

在文章的最后，我想再强调一遍："点"的问题会不断反复，只有"由点到线"地认识问题，才能懂得如何创造一个不容易长藻的环境。

大显身手的除藻生物！

投放 4 日后

虽然沉木上还残留少量比较顽固的须状藻，但缸内整体已非常干净。这里需特别注意的是，不要等长藻后再投放除藻生物，应提前就适量投放一些。这样就不会恶化到右图那种程度。

爆藻的水草缸。水草、缸壁、石头、底床等表面全都布满藻类，其中大部分是褐藻与绿藻，沉木上还有大量的须状藻。这时，向缸内投放除藻生物。

数据

水缸尺寸： 36cm
投放的除藻生物： 小精灵鱼 ×5 条、大和藻虾 ×10 只、转色彩螺 ×5 只、黑线飞狐鱼 ×5 条

蜜胺泡棉
可用于去除缸壁上的藻类。

牙刷
去除小型水草缸缸壁上的藻类时，手不方便伸进去，可以使用牙刷。另外，还可去除岩石上的藻类。

造景时如何防藻

· **思考长藻原因**

    如果不清楚原因，盲目动手，只会令问题反复出现。

· **发现长藻，立刻动手**

    放置不管没有任何好处。

· **必须定期养护**

    没有完全不长藻的水草缸。只有用心养护，才能完成优美的水景。

CO$_2$ 添加指南

如何更好地添加 CO$_2$——理论与方法

想要制作优美的水景，就必须添加 CO$_2$。为什么 CO$_2$ 如此重要？下面就来介绍一下 CO$_2$ 的重要性以及相关器具的使用方法。

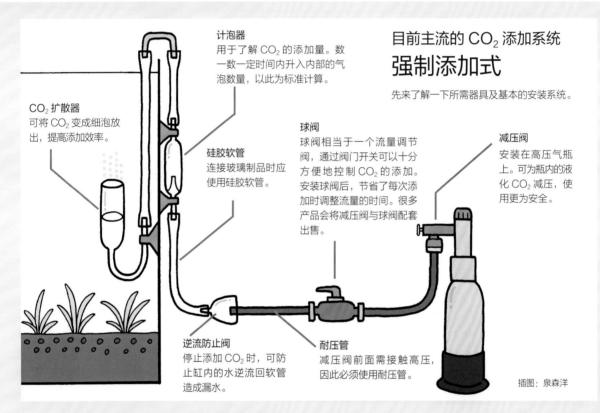

计泡器
用于了解 CO$_2$ 的添加量。数一数一定时间内升入内部的气泡数量，以此为标准计算。

目前主流的 CO$_2$ 添加系统
强制添加式

先来了解一下所需器具及基本的安装系统。

CO$_2$ 扩散器
可将 CO$_2$ 变成细泡放出，提高添加效率。

硅胶软管
连接玻璃制品时应使用硅胶软管。

球阀
球阀相当于一个流量调节阀，通过阀门开关可以十分方便地控制 CO$_2$ 的添加。安装球阀后，节省了每次添加时调整流量的时间。很多产品会将减压阀与球阀配套出售。

减压阀
安装在高压气瓶上。可为瓶内的液化 CO$_2$ 减压，使用更为安全。

逆流防止阀
停止添加 CO$_2$ 时，可防止缸内的水逆流回软管造成漏水。

耐压管
减压阀前面需接触高压，因此必须使用耐压管。

插图：泉森洋

为什么水草缸必须添加 CO$_2$

文：赤沼敏春

如今，进行水草造景时需要添加 CO$_2$ 已成为一个常识。因为添加 CO$_2$ 可以对水草生长起到明显的促进作用。

狭小的水草缸必须添加 CO$_2$

为什么添加 CO$_2$ 后，效果如此明显呢？原因有以下几点。首先，我们来了解一下水草缸的特殊性。在自然环境下，水草获取 CO$_2$ 的方式有很多，其中主要是与大气接触后溶于水中的 CO$_2$，再加上鱼类与微生物释放出的 CO$_2$，以及地下供给的 CO$_2$ 等。CO$_2$ 具有易溶于水的性质，很容易在水中扩散，因此尽管 CO$_2$ 会随着植物的活动发生变化，但仍能为植物提供供给。

不过，这种供给是有限度的。在水草生长密集的地区，白天 CO$_2$ 的供给量很容易出现不足（实际上，有些水草为了避开白天 CO$_2$ 供给不足的问题，已经适应了夜间吸收 CO$_2$）。自然环境下尚且如此，狭小的水草缸内自不必多说。因为 CO$_2$ 的供给量有限，再加上密集种植了大量水草，水草缸中不会缺 O$_2$，反而很容易出现缺乏 CO$_2$ 的问题。

低浓度的 CO_2 影响效率

另外，由于植物的光合作用系统需要在 CO_2 浓度很高的环境下运行，因此，低浓度的 CO_2 会严重影响效率。通常，植物最大限度完成光合作用（饱和点）所需 CO_2 的浓度为 1000×10^{-6} 左右，比 350×10^{-6} 的大气浓度要高很多。因此，添加 CO_2 可以帮助植物更顺畅地进行光合作用。添加 CO_2 十分必要，同时，这也是让水草养殖变得更为轻松的重要手段。

适当添加 CO_2 的标准

那么，究竟添加多少 CO_2 才最合适呢？事实上，这个问题很难回答。因为每个水草缸内种植水草的数量、水量、养殖生物的种类、照明、温度等条件都不一样，CO_2 的添加量会根据各种条件的不同而变化。因此，不能一下就断定统一添加多少 CO_2 最合适。

最方便的办法就是用试剂测试。通过试剂可以从水质数据中计算出 CO_2 的溶解量。不过，由于很多原因都会导致水草缸内的 pH 值发生变化，因此测试出的数据不能保证百分之百准确。尽管如此，以此作为一个判断标准是没有问题的。而且市场上销售的试剂上会附有说明，告诉你最合适的 CO_2 浓度是多少，以此作为参考应该不会出现太大问题。

实际上，最好的办法是认真观察水草以及水中生物的状态，并慢慢进行调整。一下子添加大量 CO_2 是十分危险的，最好先添加少量 CO_2，再一点点增加。过量添加 CO_2 会严重影响水中生物的健康，一定要特别注意。

CO_2 强制添加装置的安装方法

所用产品为 ADA 的"CO_2 超越系统套装"，内含减压阀、扩散器、计泡器、气瓶等添加 CO_2 的必要器具，即使是初学者，也很容易上手。

1. 先确认减压阀的微调节螺丝处于关闭状态，然后将减压阀套在气瓶上。很快会有 CO_2 从减压阀的压力逃逸孔（图中○内）往外冒，注意不要用手挡住。

2. 将球阀安装在减压阀上，然后接上耐压管。如右图所示，耐压管是圆形的，应在朝上的地方剪断。为了防止漏气，断面一定要整齐平滑。

3. 在耐压管上连接逆流防止阀（不要忘记先套一个橡胶吸盘）。如果不好安装，可以抹一点水，帮助润滑。

4. 安装玻璃计泡器，用配件中的吸液管将水吸入其中。根据计泡器里气泡的数量，确定添加标准。逆流防止阀前端需连接硅胶软管，如果不好插入，可用 $40\,℃$ 左右的热水泡一下。

5. 用硅胶软管将 CO_2 扩散器与玻璃计泡器连接好后，安装完成。如果胶管有些松弛，用手指轻轻扭一扭，就可以让胶管紧贴住缸壁。

这些症状都属于危险信号

鱼类出现呼吸紊乱或鱼身上开始发红等症状都是过量添加 CO_2 的危险信号。虾类通常比鱼类体弱，因此，如果虾类停止活动，身体开始变得僵硬，就等于亮起了红灯。无论出现何种症状，都必须马上停止添加 CO_2，静置一段时间后（最好等到第 2 天），再开始减量添加。如果出现鱼浮头、虾乱蹦等情况，必须马上停止添加，同时给水中打氧。如果情况还不见好转，必须立即换水。

用计泡器准确计量

此外，在刚铺设完水草泥的缸中添加 CO_2，容易导致 pH 值急剧下降，需特别注意。夏季等容易出现缺氧问题的时候也应多加注意。

使用计泡器可以很清楚地掌握 CO_2 添加量。在小型水草缸中，也可使用低流量型的速度调节阀进行微调。

另外，注意不要误将水草进行光合作用时冒出的气泡作为标准。水草冒出的气泡大多与溶于水中的气体量有关，很多生长状态良好的水草其实并没有气泡。如果看到气泡冒出就添加 CO_2，很可能会对水中生物的健康造成严重影响，一定要注意。

CO₂ 溶于水后会怎样?

水中的 CO_2，最容易影响水的 pH 值。

CO_2 浓度与 pH 值

使用试剂测量 CO_2 浓度时会发现：水的 pH 值越低，CO_2 浓度越高，pH 值越高，CO_2 浓度越低。而海水中的 CO_2 浓度几乎为 0。那么，这是不是意味着海水中不含有 CO_2 呢？海草和海藻又是如何进行光合作用的呢？你的脑海中可能也会浮现出同样的疑问。答案是海水中并非没有 CO_2，只是由于 pH 值的缘故，CO_2 的形态发生了改变。

水中 CO_2 的三种形态

CO_2 溶于水后，可分离为游离碳酸、碳酸盐、重碳酸盐三种形态，它们在水中含量的比例主要由 pH 值决定，pH 值越低，游离碳酸含量越高，pH 值升高，则碳酸盐等含量增多。因此，海水中几乎不含游离碳酸，大部分都是碳酸盐与重碳酸盐。这些比例会随着 pH 值的改变而相应发生变化。

为什么水草在低 pH 值的环境下生长更快

植物能利用的 CO_2 形态是固定的，很多分布于 pH 值较低水域（南美地区等）的水草，只能吸收游离碳酸这一种形态的 CO_2。因此，如果处于 pH 值较高的环境里，无论

8. 使用 U 字形玻璃接口，可防止软管折断，也可令配线更为美观。

6. 慢慢打开微调节螺丝（小螺丝），调节好添加量后，用微调节固定螺丝（大螺丝）进行固定。

7. 安装完成后，先不要离开水缸，一定要确认是否能正常冒出气泡。

大型气瓶的推荐配件

ADA CO₂ 控速减压阀

大型气瓶专用减压阀。可设定 CO_2 的输出压力，适用于向多个水缸内同时添加 CO_2 等需要高压的场合。

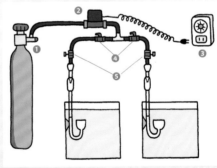

大型气瓶安装示例

❶ 减压阀。使用大型气瓶专用减压阀。❷ 电磁阀与 ❸ 定时器配套使用，可自动设定添加 CO_2 的开关。❹ 球阀（可不安装）。❺ 速度控制器。安装在不同线路上，可进行微调。

向多个水缸内同时添加 CO_2 时，使用大型气瓶可降低运行成本。如：1.5kg 的大型气瓶可为 60cm 水缸添加 CO_2 超过 1 年。有些厂家还会专门出售将小型气瓶用的减压阀安装到大型气瓶上的转换接头。

再怎样添加 CO_2，也无法将其用于光合作用（某些水下适应能力较低的水草也会出现同样问题）。

这就是为什么谷精太阳等产于南美的水草必须要在低 pH 值环境里养殖的原因。插句题外话，CO_2 进入水中后，与水反应生成碳酸，其中一部分碳酸又会游离，变成 H^+。因此，添加 CO_2 后，pH 值会下降，水的硬度越低越明显。所以，在铺设水草泥的水草缸中，也可通过添加 CO_2 来降低 pH 值。

言归正传。那么，在游离碳酸含量较少的海水或中性水域中生活的水草又是如何进行光合作用的呢？为了适应环境，它们可以利用水中的碳酸盐。因此，即使在南美水草无法生存的低 pH 值环境下，它们也能轻松地进行光合

作用。可以说，大部分对 pH 值要求不高的水草，要么可以利用水中的碳酸盐，要么已经掌握了其他可以进行光合作用的方法。当然，添加 CO_2 对于这些水草来说，也会很有效，不过，通常来讲，养殖它们并不需要在这方面花费太多心思。

高浓度的 CO_2 可令光合作用更"节能"

近年来，随着温室效应的不断加剧，关于 CO_2 与光合作用关系的研究开始越来越深入，其中很多内容也可用来解释水草缸中的问题，下面我们先来看一下 CO_2 与光合作用的关系。

当 CO_2 浓度上升时，通常会出现以下情况。首先，光合作用的量会增加。随着外部 CO_2 浓度的提高，进行光合

作用的中枢部位附近浓度也会提高，于是，光合作用的效率就会提高。而且，可以用更弱的光量实现最大限度的光合作用量，从而进一步增加光合作用的最大量。

看到这里，你可能会觉得只要添加了 CO_2，水草无论如何都会长得更快。不过，要想维持 CO_2 的效果，必须有足够的肥料支撑，如果肥料不足，水草生长还是有可能受到限制。当然，也可能会出现只要 CO_2 浓度够高，其他条件稍微差点也不影响水草长势的现象。这是因为光合作用所需的酶以及体内蛋白质的含量都不需要很多，因此，对氮的需求量也更少了。也就是说，在肥料完全相同的条件下，添加 CO_2 后就会长得更快。既然添加 CO_2 可令光合作用更"节

能"，那么在水草缸这种有限的环境里，效果应该会更好。只是这种效果在不同的植物种类之间似乎有很大不同，有些植物好像就完全没有效果。相反，令人感到意外的是，添加 CO_2 对阴生植物的效果非常好。因此，虽然养殖水榕类或椒草类等水草无需添加 CO_2，但添加后很可能效果会非常好。

添加技术还不熟练之前，最好使用试剂。上图为 ADA 的下坠球式测试器，内侧放入试剂，安装在水草缸内，可通过试剂颜色的变化了解 CO_2 浓度。

水中 CO_2 的性质

易溶于水

将装满水的塑料瓶倒置于水中，将气瓶中的 CO_2 加入塑料瓶内。

CO_2 达到塑料瓶的 1/3 左右时，盖好瓶盖，将瓶子取出，用力上下摇晃。

塑料瓶会瞬间变瘪。这是由于 CO_2 溶于水后，容器中的压力骤减，低于大气压强造成的（压力差导致瓶子被压扁）。

降低 pH 值

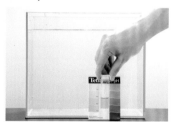

水缸中装满水后，先测量一下水质。目前显示 pH 值在 6.5 ～ 7.0 之间（KH 值为 6° dH）。

添加 CO_2 10 分钟后再次测量，pH 值降低到 6.5（pH 值下降的幅度也受碳酸盐硬度 KH 值等因素的影响）。

溶于水后也易发散

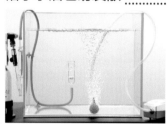

在 CO_2 浓度为 32mg/L 的水内打氧（停止添加 CO_2），10 分钟后，CO_2 浓度降至 30mg/L，60 分钟后降至 6mg/L。这就是为什么不能选用会造成水面波动的过滤器的原因。

如何更好地添加 CO_2

· **了解水中 CO_2 的性质**

　CO_2 易溶于水，易发散，因此最好使用不太会造成水面波动的过滤器。

· **安装高效的 CO_2 添加系统**

　强制添加式系统可应对大大小小各种型号的水缸，保证稳定的 CO_2 供给。

· **适量添加 CO_2**

　CO_2 可促进光合作用，但过量的 CO_2 会严重影响水草缸内的平衡。必须认真观察水草与小鱼的状态，适量进行添加。

照明指南

如何选择适合水草的照明灯具与正确的照射方法

水草需要进行光合作用，因此光照与 CO_2 一样，是非常重要的元素。水草缸中使用的照明光线必须比单纯的鱼缸强烈很多。

水草用照明灯具的三种类型

荧光灯
水族界最常使用的照明灯具。水草缸使用的荧光灯最好多设几个荧光管。

金卤灯
直射式强光，甚至可以照出水底的波纹摇动。金卤灯大多吊在缸顶或专用的台座上（右图中为 ADA 水族灯 Solar-I）

LED 灯
这是近年来发展最快的水族器具之一。这是一种既可促进水草生长，又可充分表现水草色彩的照明灯具。（左图中为 ADA 水族灯 Aquasky）

定时器是水草缸照明设备中不可或缺的一环。每天固定时间进行照明，不仅可促进水草的健康生长，还可预防长藻。

水草缸所需光量的标准

水缸尺寸 /cm	荧光灯	金卤灯
31×18×24	27W×1	24W
30×30×30	27W×2	24W
45×30×30	15W×4 或 27W×2	24W×2
60×30×36	20W×4	70W×1 或 150W×1
60×45×45	80W 以上、20W×6	150W×1
90×45×45	32W×（5～6）	70W×2 或 150W×（1～2）或 250W×1
120×45×45	20W×12	150W×2
150×45×45	更适合使用金卤灯	150W×（2～3）
180×45×45	更适合使用金卤灯	150W×3、250W×2

注：表格中的数值有一定的富余量，并非严格的执行标准。

如何更好地选择并使用照明灯具

文：半田浩规

照明灯具是水草缸中最重要的器具

造景水草缸中的照明灯具与普通鱼缸截然不同，必须能兼顾水草喜欢的光源与亮度这两个条件。要想水草缸器具一步到位，初期投资还是比较高的，有时难免令人有些踌躇。不过，照明灯具这一项决不能省，只要照明达到一定规格，其他器具即使选择比较便宜的鱼缸用具，水草照样能长得非常好。

水草照明灯具的特点与使用方法
●荧光灯

荧光灯可以说是养殖水草时操作最方便、最靠谱的照明灯。某种程度上来说，荧光灯的光有一种背后环绕的效果，因此，即使稍稍被阴影挡住的水草，也能充分生长。此外，荧光灯下，有茎草可长出很多腋芽，显得十分密集，很容易形成繁茂的浓荫。荧光灯的种类、尺寸都很丰富，不容易出现故障，价格又很合理，非常适合初学者。荧光管应选择水草专用的比较明亮的类型。

结构上来说，安装荧光灯时，需要将水草缸上部全部覆盖，因此，日常维护时，手很难伸进缸内，这一点确实有些不太方便。而且与其他照明灯具相比，荧光灯的光线穿透性较弱，用于水深 60cm 以上的水缸时，必须尽早更换新灯泡（10 个月至 1 年换 1 次为宜），保持照明强度。

● **金卤灯**

金卤灯的光线穿透性强，灯泡距离水面 30cm 左右也能将光线直射水底，因此能做成悬吊式，很多商品的外形十分时尚。由于水面为开放式，日常维护十分方便，还可以制作沉木或水草伸出水面的水景。

不过，与荧光灯相比，金卤灯的价格比较贵，耗电量也要高 3~4 成，而且容易发热，导致水温比较容易升高。虽然水草长势良好，但与荧光灯下的水草相比，叶片多少会变得更大，也不太容易形成腋芽，水草只是一个劲儿地往上

蹿，想要制造有茎草的浓密感仍比较困难。制作水景时，一定要了解这些特性。

● **LED 灯**

近年来 LED 灯的发展很快。它的光线穿透性强，与金卤灯一样，可以映照出水面的波纹，非常适合表现开放式水景。LED 灯最大的优势在于它的发光量所对应的耗电量与发热量都很小，可抑制水温升高。而且使用寿命较长，无需更换灯泡，也不用进行日常保养。

看上去，LED 灯仿佛一款梦幻灯具，但遗憾的是，目前市场上在售的 LED 灯虽然数量众多，但"可以让多种植物优美生长"的品种却非常少。在人类看来，每种光似乎都一样，可实际上光的成分存在巨大差异。

不同照明下水草缸景观的差异（水缸尺寸：长 60cm× 宽 45cm× 高 50cm）

荧光灯（36W×2）×3 个
荧光灯为面光源，光线可以照射到前后左右，很少出现阴影。因此，水草与小鱼的颜色看上去都十分自然。

金卤灯（150W）
金卤灯为点光源，因此，放置沉木或石头后会形成阴影。不过，这也别有风味，值得赏玩。水底映照出摇曳的水波，看上去心情十分舒畅。

金卤灯＋LED 灯×2
水缸前后各设置一盏 LED 灯后，岩石的阴影变得不太明显。利用定时器，在不同时间开启不同照明，可模拟自然光线，这种用法很有意思。

目前，真正计算了水草需要哪些光学成分的 LED 灯还很少，希望各大厂商在设计产品时能够真正考虑到造景需求，而不要只关注价格与外观。另外，还有一种大功率的 LED 灯，电流比普通灯更强，可制造出更强光量。不过，同时它的热量也会提高，灯珠本身及四周的树脂材料容易老化，线路故障的可能性也会增加，这些问题仍需考虑。目前人们对 LED 灯的关注度比较高，技术也在不断进步，可以说，这种照明器具未来的发展很值得期待。

无论选择哪种照明灯，每天至少要保持 7 ~ 8 小时的照明，同时应仔细观察水草的生长状态、长藻情况等，根据实际情况增减照明时间。另外，水草也是一种生物，每

天保持同样节奏的光照，可以让它更健康地生长。如果因为上班、上学，无法做到准时开关照明灯具，最好选择使用定时器。

结语

照明灯具是水草的生命之源，十分重要。如果不知道应如何选择，请一定亲自去水族店，看一看那里陈设的造景水草缸。每种水草在何种光线下会长成什么样，都可以在展示缸中找到答案。另外，您也可以咨询专业造景师。您看到的、听到的都是最真实的意见，希望您以此为参考，选择最适合的照明灯具，完成自己心目中的水景。

肥料添加指南 ①

如何更好地使用液肥

水草用的肥料（营养素）商品种类众多，但并不是所有肥料都能起到正面作用。首先我们来学习一下液肥的正确使用方法。

各种液肥

水草液肥 GREEN BRIGHTY STEP 1
此营养素适合开缸后大约 3 个月之内使用。富含多种微量元素，可促进有茎草新芽的萌发。

ECA 有效性复合酸
此添加液中含有丰富的铁分以及促进铁分吸收的有机酸。新芽出现白化现象或叶片红色变浅时，使用本品十分有效。

Biocare 水质调节剂
此调节剂富含水草生长所需的各种必要成分以及小鱼繁殖所不可或缺的微量成分，可为水草与小鱼同时带来活力。

水草的基本营养素（必需元素）

必需大量元素	必需微量元素
N（氮）	Fe（铁）
P（磷）	Mn（锰）
K（钾）	Cu（铜）
Ca（钙）	Zn（锌）
Mg（镁）	Mo（钼）
S（硫）	B（硼）
	Cl（氯）

注：1. 水缸中的氮大多以水草无法利用的形态存在，因此使用富含氮元素的液肥效果会非常好。
2. 与其他元素相比，不同水草对钙元素的需求量差异很大。
3. pH 值越低，水草能利用的 Fe^{2+} 比例越高。

如何更好地使用液肥

文：志藤范行

施肥前必须先添加足够的 CO_2！

首先我必须先强调一点：没有添加 CO_2 的水草缸中，即使添加肥料也不会起任何作用。水草是可以自己制作营养并自己吸收的，在不添加 CO_2 的水草缸里，阻碍水草生长的原因不是缺肥，而是缺少 CO_2。在这种水草缸中，即使添加了肥料，水草与藻类也会共同争抢稀少的 CO_2，最后肥料究竟促进了谁的生长还很难说。因为它很可能还带来了促进藻类繁殖的危险。

也就是说，若想让水草肥料得到有效的利用，必须先添加足够的 CO_2。这是巧妙使用水草肥料的第一步。

肥料的种类与使用感觉

从形态上来看，水草肥料可分为两大类。

液体肥料通常被称作液肥，大多装在瓶子里售卖，添加起来十分方便。

底床肥料又分为初期肥料型与追肥型。初期肥料型在开缸时提前铺在底床的最下方，而追肥型则根据水草的生长状态适时插进底床内部。

本文主要介绍的是液肥，各大厂家都推出了很多相关产品，其中大部分产品的功能都在强调可以抑制藻类出现。但藻类与水草一样，都是可以进行光合作用的植物，换句话说，"可以抑制藻类出现"也就意味着"不会对水草产生明显作用"。初次使用时，似乎更是难以看出什么效果。此外，如果平时养鱼的时候多洒了一些鱼饵，可能就会很难判断长藻的原因究竟与液肥有关还是与鱼食量有关。

使用液肥的最佳时机

那么，究竟应该什么时候使用液肥呢？首先明确一点，在使用液肥之前一定要先尝试换水。通过换水可以刺激水草，提高水草的生理活性，增加氧气的释放量。比起添加液肥，增加换水量与换水次数会更有效。

那么。水草真正缺肥时会有哪些表现呢？
● 虽然还在生长，但叶片逐渐变得又细又小。
● 虽然还在生长，但叶色越来越淡。

如果出现上述症状，则说明水草缺肥。否则，添加液肥反而会造成水草活性减退。

此外，商品说明书上常常会有一些用量指导，如多少升水添加多少毫升液肥等。可是这种用量是不是适合所有水草缸呢？答案是否定的。有时即使按规定量添加了液肥，也看不出明显效果，反而还会冒出更多的藻类。也就是说，每个水草缸的状态不同，所需液肥的量也会有所差异。

如果水草出现下列症状，需特别注意！

叶片越来越小
这是水草肥料不足时的典型症状。不要等到这种症状出现以后再想办法补救，平时就应适当添加营养素。

叶片白化
图片中的水草为大叶珍珠草，与左侧正常的叶片相比，差别一目了然。不过，有时造成这种症状的原因并非肥料不足，也有可能是 KH 值的问题。

叶片的红色变浅
红色系的水草有专门的营养素。出现这种症状时，说明水草已处于无法吸收营养成分的状态，有时可通过降低 pH 值来解决。

下面，我来简单介绍一下开缸后水草缸内液肥使用量的标准。

● 种植水草 1 ~ 2 周内：为了适应新环境，水草的主要精力全部放在扎根上，因此不需要液肥。

● 叶片开始展开、水草总量开始增加时：按照规定量加入液肥。

● 1 个月后，水草需要修剪时：比规定量多加一些液肥，效果会更好。

液肥的添加应根据不同情况进行调整。不能根据水量的多少来添加固定量的肥料，一定要认真观察目前水草的活性、种植数量以及繁茂程度等，灵活增减肥量。

叶片白化及生长不良的原因

有时，绿宫廷出现白化现象或是谷精太阳有些打蔫，可能是由于碳酸盐硬度（KH）过高造成的。例如，水草缸内爆发了螺贝，使得 KH 值出现大幅变化，从而导致水草出现缺肥症状，这种情况十分常见。这时添加液肥，情况肯定得不到任何改善。必须先除螺，恢复水质，才是有效的做法。

此外，有些水草缸刚开缸时，底床内土壤菌群活性偏低。于是，一段时间后，水草着根情况很不理想，就会以为是肥料不足的问题。如果开缸后已经过了一段时间，在添加肥料前，最好先用鱼缸换水器清理一下底床，或是增大换水量（换掉一半以上的水），这些方法效果都很好。

肥料添加指南 ②

如何更好地使用底床肥料

本书一开始就介绍过，若想长期维持水景，必须在水草泥下方铺设底床肥料。那么，如果肥效已过，又该如何处理呢？下面将结合重铺底床肥料（与水草泥）的方法，为您详细介绍如何使用底床肥料。

底床肥料的两种类型

基肥型　ADA 能源砂（POWER SAND SPECIAL）
能源砂是一种富含营养素的轻石，开缸时铺设在水草泥下面。本品富含强化有机营养素以及可以在底床发挥作用的菌群。

追肥型　ADA 多功能营养追肥棒（MULTI BOTTOM LONG）
长期维护水景时，初期肥料中的营养素会越来越少，这时可将追肥棒深深插入底床，进行补充。本品富含氮素等多种营养素。

重新铺设部分底床

1. 这是一个 60cm 的水草缸，下面要更换水草缸前部铺设的底床。底床全部更换的工程比较复杂，只更换一部分，操作起来会比较简单。

颗粒碎裂的水草泥

2. 先去除要更换位置上种植的水草。直接拔掉水草容易造成水质浑浊，最好从有茎草的根部附近剪断。

 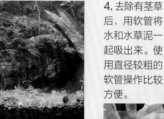 

3. 修剪后的状态。椒草或牛毛毡等放射状水草根部较长，在吸出底床的同时可将它们一起拔掉。

4. 去除有茎草后，用软管将水和水草泥一起吸出来。使用直径较粗的软管操作比较方便。

如何通过添加底床肥料长期维护水草缸景观

文：半田浩规

若想长期维护景观，底床肥料不可或缺

相信很多人都了解植物主要通过根部吸收营养，水草也不例外。由于水草泥里已含肥料成分，所以在一定时期内，仅依靠水草泥也可将水草养得很好。不过，若想长期维持景观，或是水草缸内种植了很多需要不断从根部进行修剪的前景草，那就必须提前在水草泥下方铺设能源砂等底床肥料。

如何充分发挥底床肥料的效力

初学者在铺设底床时，很容易忽视一件事，那就是加入土壤菌群。实际上，植物无法直接吸收底床中的养分。所以，土壤菌群的作用十分重要，它们可以将肥料分解成水草能够吸收的形态。因此，令土壤菌群在底床中保持活性并尽快稳定下来，是水草养殖过程中非常重要的一环。

主要添加方法包括直接加入市售的休眠状态下的土壤菌群，或是从状态比较好的水草缸中取出一把底床材料或滤材混进新缸，这种方法最为简单。还有一种方法是先大量种植一些状态良好的水草，然后将它们根部附着的土壤菌群直接移植到新缸。

同时，开缸初期适当换水，可以更好地帮助土壤菌群尽快稳定。种植水草1周至10天左右，如果水草开始迅速生长，说明土壤菌群已经稳定。认真观察这一过程，会很有意思。

另外，一段时间后，水草泥上层的颗粒会开始碎裂，变成细小的粒状。如果放置不管，容易造成水压不稳，排水恶化，从而给水草的根部以及土壤菌群造成恶劣影响，最终导致水草生长不良，因此，一定要用鱼缸换水器将碎裂颗粒吸干净。这时还有一个比较棘手的问题，就是插拔水草的过程中，可能会将底床肥料翻到水草泥上面来。解决这一问题的方法是在底床肥料与水草泥之间铺一层纱网，或是铺设前，提前将底床肥料装进网袋中。

底床肥料的效力能持续多久？

底床肥料不可能永远维持效力。而且，底床肥料的效力期没有一个固定时间，必须通过水草的状态进行判断。

例如，新芽的绿色越来越浅，逐渐开始发白，修剪后3周仍不能萌发新芽等，都是水草陷入营养不良状态的症状。不过，有些水草擅长通过叶片吸收营养，可以同时使用液肥。而在生物较多的水缸中，不会所有水草都出现症状。反过来说，如果不追加底床肥料，水草的状态也很好，那这些水草附近就无需追肥。

5. 即使是扎根特别结实的椒草，只要先吸出带着根的水草泥，就很容易拔掉。

6. 重新铺设水草泥后，容易令水质变浑，一定要将表面的水擦干净，另外，有时石头或沉木会倒下来，要特别注意。

7. 铺设底床肥料。用潮湿的厨房纸巾盖住后景草，防止它们在操作过程中过于干燥。

8. 铺设新的水草泥。

9. 将水草泥铺平。注水后，水草泥会膨胀，而且后面的水草泥也会向前涌，因此，铺设时要比预想高度略薄一些。

10. 重植水草，注满水后工作结束。趁重新更换底床的机会改变水草缸的造型，可以在欣赏水景时保持一种新鲜感。

重铺任务结束

追肥的方法

养殖皇冠草、椒草等比较容易扎根的水草时，也可进行追肥。注意应在距离水草根部稍远的地方插入追肥棒。

肥料失效后应如何应对

如果经过观察判断，底床肥料已经失效，首先可以将周边的水草全部拔掉，或是从根部剪断，然后将鱼缸换水器插入底床厚度的一半左右翻土。水草泥中积聚着各种各样的有机物，吸上来后应该会有很多褐色的水。用鱼缸换水器吸一遍底床，可以改善底床板结现象，令土壤菌群恢复活性。如果可以令水草恢复到能够吸收养分的状态，那么剩余的肥料就能为重植的水草再次带来生命活力。

如果这种方法仍无法改善现状，就需要在底床中埋设固形肥料（追肥）。对于皇冠草、椒草、睡莲、大浪草等扎根能力较强的水草，追肥时不要靠植株太近，应将肥料埋在稍远一些的地方。而对于矮珍珠、草皮、微果草、牛毛毡等前景草，必须毫无遗漏地进行追肥，这样可以让水草的长势保持统一。

养殖水草时，底床肥料十分重要。不过，我们的头脑里不能只有一个"肥料用完就加"的简单公式，一定要先考虑"如何令活性衰退的土壤菌群重新恢复活性"。每个水草缸的实际情况各不相同，有时重新铺设可能才是最佳方案。每件造景作品都是精心制作出来的。希望大家能够注意到每一棵水草发出的信号，让水景一直维持在最佳状态。

示例使用的是伊罕经典过滤器 2213

外置过滤器添加指南

外置过滤器的安装与维护

外置过滤器的启动音很小，而且可以自由设定水流的方向，最适合水草缸使用。下面为您介绍如何安装及维护外置过滤器。

如何安装 / How to set

1. 安装滤材
在滤材盒中依次放入环状滤材→粗孔过滤棉→颗粒状滤材→细孔过滤棉。基本原则是越往上，滤材越细。

2. 确认 O 型密封圈的位置
盖盖前，应确认 O 型密封圈（红色部分）已完全嵌入槽内。

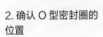

3. 安装泵头
将泵头从正上方用力按压在过滤桶上，抬起侧面 4 个卡扣，将泵头牢牢固定。

4. 安装软管
将软管插进过滤桶的进水口和出水口，拧紧螺丝，固定软管。右图中的机型上方为出水口，下方为进水口。

5. 安装双头快速接头
在软管之间安装双头快速接头，维护起来更为方便。安装时，将进水侧与出水侧设置为不同方向，会更好辨认。另外，为了防止漏水，一定要保证软管切面整齐平滑。

水加至水面高度 →

6. 加启动水
将进水口一侧的软管连接到过滤桶上，打开阀门，从出水口一侧吸出水中的空气。然后根据虹吸原理，过滤桶内会灌满水。

7. 安装完毕
启动水完成后将出水口一侧软管连接在出水管，接通电源后开始通水。如果过滤桶发出噪声，很可能是因为内部积存了空气，轻轻晃动过滤桶，让空气散出即可。

如何保养 / How to maintenance

1. 拆开双头快速接头
先关闭电源，然后关闭快接上的调节旋钮，旋转快接中央的螺母，将快接拆开。这时，接缝处的积水会漏出来，最好垫上一层抹布。

2. 准备清洗滤材
搬运过滤桶时不要只抓住管子，应从过滤桶下方抱住机体。清洗滤材时先打开快接口，放掉过滤槽里的水（如果不打开快接口，过滤槽仍处于密闭状态，无法取下泵头）。

3. 用水草缸中的水清洗滤材
滤材上附有净化水质的菌群，因此必须用水草缸中的水进行清洗。如果用自来水清洗，会严重影响菌群，一定要注意。滤材只需轻轻冲洗一下即可。

4. 拆掉叶轮
如果叶轮部分积累了大量污物，流量会下降，有可能产生噪声，因此清洗滤材时应将叶轮也清洗干净。

5. 清洗各种管子
使用专业的管子清洗工具，可以轻松地将长管或管道内部清洗干净。

6. 连接进水管
滤材清洗干净后，先将进水管连接好，打开调节旋钮。

7. 启动水
与安装时步骤相同，打开出水侧的快接口，把水放进水桶的同时，排出过滤桶中的空气。反复操作数次，排满水后，将出水侧的快接口接好，保养结束。

如何判断保养的时机
- 出现水流不畅时。
- 轻碰机体或胶管就会涌出大量污泥或脏水时。
- 发出"嘎嘎""咻咻"等仿佛空气卷入般的杂音时。

如何更好地给水缸换水

"1周至10天换一次水，每次换1/3"，可以说，这是养殖热带鱼的基本操作。只要坚持这一原则，养鱼基本就不成问题。当然，水草缸也不例外。

不过，尽管一直坚持换水，某一天还是可能会遇到以下情况：
- 水缸中开始出现黑色的须状藻；
- 有些鱼依然生机勃勃，毫无异状，而有些鱼却开始打蔫。

这些症状都是水草缸在向你发出信号：应该做一次大扫除了！

水草缸中养殖着各种生物，每天都会产生排泄物、枯叶、残余鱼饵等废物，水草缸中产生的过滤菌群将这些废物按顺序转化为游离氨（有害）→亚硝酸盐（有害）→硝酸盐（有害程度较轻），然后溶于水中。通过"1周至10天换一次水，每次换1/3"可将这些物质去除。然而想要全部清除是很困难的，看一下过滤槽就会发现，上面经常积聚着各种污物。结果就会出现上述那些症状。

这时必须采取以下措施：
- 清洗过滤槽；
- 增加换水量。

不过，换水量与换水次数会根据以下条件的不同而发生改变：
- 水草缸大小；
- 养殖鱼的数量与大小；
- 鱼饵的种类与数量。

因此，一定要认真观察，按照最符合自己水草缸条件的水量与频率换水。

水草缸造景用语集

石组

主要指用石头制作的水景，以及石头的组合摆放。石头的摆放方法可参考日本庭园等风景，需要有一定的画面平衡感。

sp.

Species 的缩写，写在属名之后，表示某属中不能确定种名的未定种。

纵深感

指看起来比水缸实际尺寸更大的感觉。可通过前方种植大叶水草，后方种植细叶水草等方式来表现。

附着

指水草通过根等部位将草体固定在石头或沉木上。一部分苔藓类或蕨类植物具有这种性质。学术上称作"着生"。

KH

指碳酸盐硬度。

构图

指用水草、沉木、石头等素材制作水景的图案。

藻类

指生长在缸壁等位置上、比较难处理的藻类。日本的水族圈内也会称之为"青苔"。本来青苔指的是苔藓类植物，爪哇莫丝就属于苔藓类。

根茎

指肥大化的茎。小榕、铁皇冠等水草都有根茎，会向水平方向生长。

重植

指将修剪时剪掉的有茎草上部重新进行种植。下部保持不动，可继续长出新芽。

自然感

指水景中看上去没有任何人工元素，十分自然的感觉。可通过在沉木上附着一些苔藓或蕨类植物，或是在石头边缘种植水草等方式来表现。

GH

总硬度。指水中 Ca^{2+} 与 Mg^{2+} 的总量（其中，碳酸氢盐硬度为 KH）。使用珊瑚砂或某些石头，或是水中出现大量螺贝时都会造成硬度上升。很多水草都喜欢总硬度值较低的软水。

CO₂

为了促进水草的光合作用，必须在水草缸中添加 CO_2。

水质

指水的性质。在水族界尤其重视 pH 值。

水上叶

很多水草都能适应水上和水中两种环境，水上形成的叶片叫水上叶，水中形成的叶片叫水中叶。

水缸尺寸

本书中的水缸尺寸按照长 × 宽 × 高的顺序标识。

水景

指水草缸中所呈现的景色。

生物过滤

指滤材或底床中产生的过滤菌群净化水中污物的过程。

荷兰式造景

一种起源于荷兰的造景风格。将水草高度修剪成阶梯状，按不同高度种植，仿佛装饰花坛一样。

顶芽

指会萌发新叶或茎的芽。有茎草的顶部。

追肥

指底床肥料开始失效时，进行追加施肥。

底床

指砂粒、水草泥、肥料等所有铺在水草缸底部的东西。水族界用语。

鱼缸换水器

一种清洁水缸的工具，可将管子插入底床进行排水。无需特意取出底砂或水草泥，即可去除底床中的污物，十分方便。

修剪

指将长得太长的水草或枯叶剪掉，整理造型。

物理过滤

指将枯叶、残留鱼饵等肉眼可见的污物，用滤网等捞出。

pH

指用于表示水中 H^+ 浓度的指数。pH 值为 7 代表中性，低于 7 则为酸性，高于 7 为碱性。大部分水草喜欢 pH 值 6 ~ 7 的弱酸性至中性水质。

佗草

预先将水草种植在一个球形块上，整块出售的商品。直接放在水草缸中就能制成造景作品。由 ADA 公司销售。

荷兰式水草缸
在发源地荷兰，每年都会举办大赛，参赛作品的内容也在逐年进化。（景观制作：Willem van Bezel）

鱼缸换水器
吸水力过强时，可抓住管子进行调整。